DK

儿童自然探秘百科

[英]卡萝尔·斯托特 等著

刘晗 肖梦 方迟 蒋卓衡 译

童趣出版有限公司编译 人民邮电出版社出版

北 京

图书在版编目（CIP）数据

DK儿童自然探秘百科 / （英）卡萝尔·斯托特等著 ；童趣出版有限公司编译. -- 北京 ：人民邮电出版社，2020.2
ISBN 978-7-115-52531-4

Ⅰ．①D… Ⅱ．①卡… ②童… Ⅲ．①自然科学—少儿读物 Ⅳ．①N49

中国版本图书馆CIP数据核字(2019)第243797号

著作权合同登记号 图字：01-2019-6881

Original Title: Night Sky
Copyright © Dorling Kindersley Limited 1993, 2018
A Penguin Random House Company
Original Title: Flowers
Copyright © Dorling Kindersley Limited 1993, 2019
A Penguin Random House Company
Original Title: Insects and Spiders
Copyright © Dorling Kindersley Limited 1992, 2019
A Penguin Random House Company
Original Title: Butterflies and Moths
Copyright © Dorling Kindersley Limited 1993, 2018
A Penguin Random House Company
Simplified Chinese translation rights © 2019 Childrenfun
All rights reserved.

翻　　译：刘　晗　肖　梦　方　迟　蒋卓衡
责任编辑：何　况
执行编辑：马璎宸
责任印制：李晓敏
美术编辑：董　雪

编　　译：童趣出版有限公司
出　　版：人民邮电出版社
地　　址：北京市丰台区成寿寺路11号邮电出版大厦（100164）
网　　址：www.childrenfun.com.cn

读者热线：010-81054177
经销电话：010-81054120

印　　刷：深圳当纳利印刷有限公司
开　　本：787×1092　1/16
印　　张：14
字　　数：190千字
版　　次：2020年2月第1版 2020年3月第2次印刷
书　　号：ISBN 978-7-115-52531-4
定　　价：88.00元

目录

夜空 Night Sky

花儿 Flowers

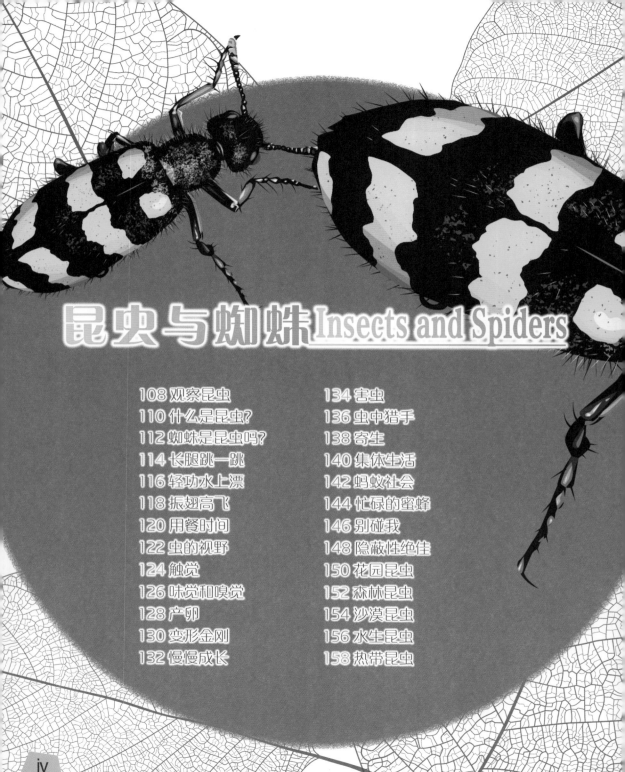

昆虫与蜘蛛 Insects and Spiders

蝴蝶与蛾子Butterflies and Moths

夜空

Night Sky

夜观天象

无论你生活在世界上的哪个角落，只要天朗气清，夜晚仰望星空时，你都能看到天空中的一轮明月和点点繁星。不过，目光所及能看到多少颗星星，不仅取决于天气情况，还与你所在的位置息息相关。

记事本

可以边观测边写写画画，把你看到的星空记录下来。别忘了写下观测的日期、时间和地点。

星空

观星的最佳地点，应该是远离繁华城市的郊区等开阔地带。在城市，高楼林立会挡住天空一角，灯光点点也会湮没星光。而郊外的夜空几乎毫无遮挡，仿佛一片黑幕，可以看到好多星星。不过，住在城市里倒也不是看不到任何星星。

⚠ 切记，晚上不要独自出行，记得叫上大人陪你一起。

看星星

去户外观星时，记得带上一支手电筒，这样方便看清并在随身携带的笔记本上做好相关记录。不过，夜晚时分，强光刺激容易让人产生视觉疲劳，记得用一张红色的玻璃纸包住手电筒的光源，因为红光不容易伤及眼睛。制作这样的手电筒，需要用到胶带、剪刀和红色的玻璃纸。

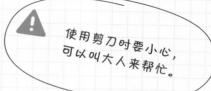

使用剪刀时要小心，可以叫大人来帮忙。

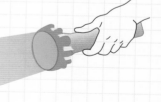

1.用剪刀剪下一大块红色的玻璃纸，纸的大小是在保证盖住手电筒的光源后，边上还能有一圈富余，便于用胶带固定。

2.用胶带把红色的玻璃纸粘到手电筒上，用橡皮筋绑住也可以。

透过房间的窗户，也可以看到天上的星星。记得先把房间里的灯关上，不然就看不清啦！

晚上天气比较凉，如果在室外观星，记得穿暖和些。坐在地上可能会更凉，别忘了带个小板凳或坐垫。再带上点儿吃的、喝的，随时补充能量。

夜空中有什么？

夜空中的"宝贝"多到超乎你的想象。你认识月亮和星星，但你能分辨出行星、星系和恒星"托儿所"吗？在夜空中，我们不仅能看到明亮的行星、遥远的星系，还能看到很多其他的天体。只要知道它们长什么样子、在夜空中位于什么位置，或许很快就能找到它们的身影了。

月亮的样子不是一成不变的。随着地球、月球和太阳三者位置的变化，我们常常会看到半月、月牙等形态的变化，这些都只是完整月球的一部分。

我们在夜空中看到的星星，大多数都是恒星。恒星本身会发光，晚上看起来很亮。

彗星会时不时地造访地球。

远小近大

月球是距离地球最近的天体，我们可以看得很清楚。夜空中的很多天体都比月球大，但它们距离我们太远了，在地球上看起来都只是点点星光。战国时期，思想家列子所作的《两小儿辩日》中说，"日初出大如车盖，及日中则如盘盂（yú），此不为远者小而近者大乎？"讲的就是这个道理。

太阳是距离我们最近的恒星。白天，阳光照耀，掩盖了一切星光。其实，恒星、行星、星系都还待在那里呢，只是我们看不到而已。

宇宙大爆炸

宇宙中有我们所知的一切。宇宙大约始于137亿年前的一场大爆炸，也就是我们常说的宇宙大爆炸。又经过几百万年的演化，大爆炸产生的物质和能量逐渐形成了星系、恒星和行星。地球非常特殊，是目前已知的唯一有生命存在的星球。经过大约10亿年的演化，地球上才产生了原始生命，后来又进化出了人类。

除了地球以外，太阳系还有其他7颗行星。我们有时用肉眼可以在夜空中看到其中的几颗，因为行星可以反射太阳光，距离我们又比那些遥远的恒星要近，所以有时候看起来反倒比天上的其他恒星还亮。

有些行星周围还有环带结构。

数以亿计的恒星聚集成星系，看起来就像一块块雾蒙蒙的亮斑。

星云是由气体和尘埃组成的云状结构，恒星就是在星云中产生的。

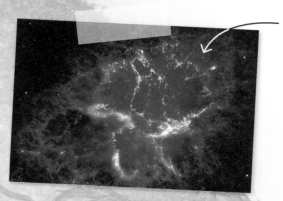

星云距离我们太远了，它们在天空中看起来也是雾蒙蒙的亮斑。

什么是恒星?

宇宙中有数不清的恒星，它们都已经存在很久很久了。恒星是巨大的发光气团，主要含有两种元素——氢和氦。恒星中的氢不断地进行核聚变生成氦，同时产生光和热。太阳就是一颗恒星，能够发光、发热，因此我们在地球上能感受到阳光普照、融融暖意。

最初的模样

恒星诞生于气体尘埃云。最初只是一团旋转的气体尘埃云，后来在引力的作用下，充满尘埃和气体的云团不断聚集，形成巨大的旋涡，最终旋转的云团把自己收缩成一个球。

恒星的形成

气体尘埃云中的亮点儿就是幼年时的恒星。若是气体尘埃云旋转得很慢，那么它有可能形成一颗恒星；若是旋转得很快，就有可能形成一对恒星；若是旋转的速度不快不慢，则会形成带有行星的恒星。太阳系就属于第三种情况。

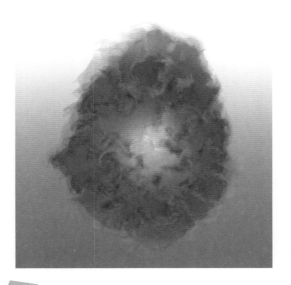

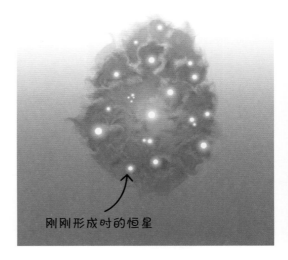

刚刚形成时的恒星

又推又拉

宇宙中所有的物质之间都有引力，也就是一个天体吸引另一个天体的拉力。而恒星内部的引力还要和另一种力相对抗，也就是压力。引力把气体吸进来，压力把气体排出去，在这两种力的共同作用下，恒星才能成为球形。

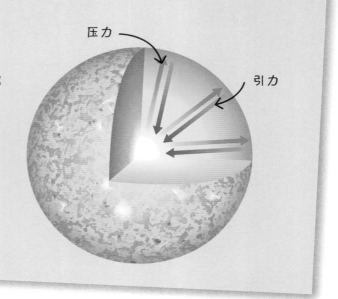

压力

引力

年轻的恒星

年轻的恒星"燃烧"自己的气体，开始发光、发热。又在力的作用下，彼此慢慢远离。

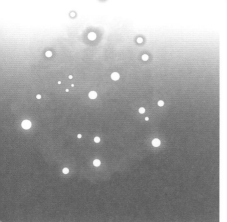

七姐妹星团

昴（mǎo）星团属于疏散星团，其中最亮的几颗星位于昴宿（中国古代星宿名），因此得名。昴星团是一个非常年轻的星团，由300多颗恒星组成，其中有7颗恒星肉眼可见，因此这个星团也叫作七姐妹星团。

发光的星星

还有一群五光十色的恒星，叫作珠宝盒星团。要想看清楚它们，就需要用到功能强大的望远镜了，因为人的肉眼只能看见一团模糊的亮光。

恒星的一生

　　宇宙中恒星的年龄层次不一，既有青年恒星、中年恒星，也有老年恒星。有些恒星的寿命可达上百亿年，当它们"变老"后会发生巨大的变化。不同质量的恒星，大小也有所不同。个头儿最大的恒星，其直径比太阳的直径还要大1700多倍。

恒星的颜色

　　恒星都特别热，有些恒星更是热得无以复加。恒星的颜色能反映出它的温度：蓝-白色恒星的温度最高，黄-橙色恒星的温度次之（如太阳），红色恒星的温度最低。不过就算这样，红色恒星的温度也比烤箱的温度高十几倍。

这是一颗像太阳一样的中年恒星，它的颜色为黄色偏白，所以说应该比太阳更热一些，也更亮一些。

双星

　　宇宙中80%的恒星是双星，它们成双成对地靠在一起。有时，两颗恒星虽然相距很远，但看上去离得很近，像是双星一样。因为我们从地球上观测，只能看到上下左右4个方位，看不到前后，所以即使两颗恒星前后距离相差非常远，它们投射在天球平面上也只是二维空间的两个亮点儿，这会让我们产生错觉，误以为是双星。通常，人们需要用望远镜才能寻找到双星。

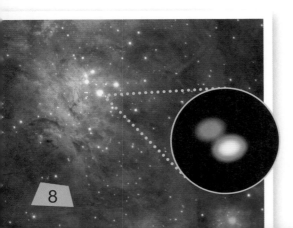

红巨星

　　宇宙中，不断有新的天体产生，它们各自的演化方式也不尽相同。像太阳这样的恒星，当内部的核反应快要结束时，表面的温度就会降低，变成红色。中心部分会在引力的作用下收缩，释放出巨大的能量，使外壳急剧膨胀，整颗恒星就膨胀起来，变成红巨星。不过别担心，太阳要变成红巨星，大约还需要50亿年呢！

白矮星　→　

白矮星

　　红巨星把所有的气体燃料耗尽后，它的内核会坍缩成白矮星。这时，所有的物质都紧紧地聚集在一起。太阳变成一颗死去的天体后，它的体积比地球还小。

超新星爆发

　　有些恒星的质量比太阳大很多，它们演化到末期阶段时会发生剧烈的爆炸，叫作超新星爆发。

爆炸时散开的物质，为其他恒星的形成提供了原料。

小心黑洞

　　有的恒星死去后，留下的物质会紧紧地挤在一起，越挤越小，最终变成宇宙中的一个小点儿，这就是黑洞。黑洞的引力极大，会把所有靠近它的物质都吸进去，包括光线。

点点星光

放眼望去，宇宙中有很多亮闪闪的小点儿。这些亮点儿大部分都是巨大的恒星，只不过距离我们太远了，所以看起来很小。地球就好像住在一个覆盖着点点繁星的大球壳里，我们便把这个球壳取名为天球。

区分线

我们可以想象一下，地球中间有一条线，将地球一分为二，上半部分叫作北半球，下半部分叫作南半球，而中间的这条线则叫作赤道。同样，天球上也有一条线，把天球一分为二，上面的叫作北天球，下面的叫作南天球。在北半球的人能看到大部分北天球的星星，在南半球的人能看到大部分南天球的星星。

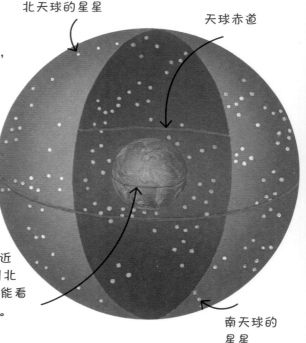

北天球的星星

天球赤道

住在地球赤道附近的人，既能看到北天球的星星，也能看到南天球的星星。

南天球的星星

遥远的星光

虽然恒星自身能发光，但距离我们实在太远了，星光要想到达地球要花好多年。早在地球上有恐龙的时候，那些星系就开始往地球发射星光了，跋涉了几千万年才到达人们的眼中。因此，我们现在看到的星光，很可能是几千万年前发射出来的。

这是北纬60° 的纬线圈。 60°

30°

你住在哪里？

为了能够准确地描述方位，科学家虚构了纬线，沿东西方向把地球分成很多平行的圈圈，这种线有助于我们描述地球表面的方位。赤道上方叫作北纬，赤道下方叫作南纬，具体方位用度（°）来衡量。确定自己生活在哪个纬度地带，有助于我们了解所处的这片星空中都有什么星星。

这是赤道， 纬度为0°。 0°

这是南纬30° 的纬线圈。 30°

60°

找方向

要想研究星星，首先就得知道自己要朝哪个方向看。如何辨别方向呢？可以用木棍和石头做一个指南针。

1.把木棍插在地上。当太阳照射到木棍上时，会在地面形成一个影子。把一块石头放在影子的顶端。从早上开始，每隔一段时间，就在相应的影子顶端放一块石头。重复操作，直到太阳落山。

2.摆放整齐的石头会形成一条曲线。影子最短的地方指向北方（或南方），与这条线垂直的就是东西方向。

如果你住在南半球，那么最短的影子就指向南方；如果你住在北半球，那么最短的影子就指向北方。

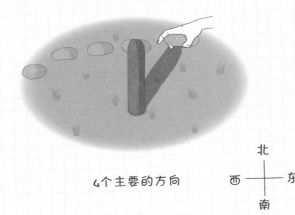

4个主要的方向

北
西 — 东
南

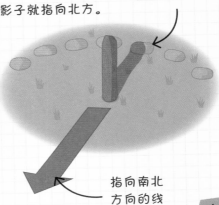

指向南北方向的线

星空图案

远古时期，当人类仰望星空时，看到了无数颗闪闪的亮点儿。他们把这些小亮点儿连起来，形成了许多图案，有的像人，有的像动物，还有的像一些其他的东西。这些图案能够帮助当时的人类记下星星在天空中的位置。这种方法世代流传下来，如今我们也从中获益。

在古希腊神话中，他是个巨人，手持坚不可摧的盾牌。

猎户座

几颗恒星连在一起构成的图案，叫作星座。这是猎户座，它的图案很简单，形状像一个猎人。它是冬日夜空中最容易辨认的星座，尤其是"猎人"腰带上的3颗星星，位置紧凑、光线明亮。

这块模模糊糊的亮斑，叫作猎户座星云。

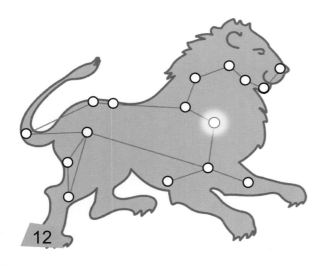

明亮的心

狮子座是另外一个容易辨认的星座。"狮子"的心脏是一颗非常明亮的星星，叫作狮子座主星（也称狮子座 α 星，在中国古代星宿系统中叫作轩辕十四）。"大狮子"旁边还趴着一只"小狮子"，但构成"小狮子"的星星不是特别亮，因此不太容易被观察到。

做一个猎户座模型

星座不是一个平面，其中的每颗星星与我们的距离各不相同，只不过我们在地球上看不到前后远近的纵向维度，只看得到上下左右4个方向，所以会产生视觉误差，以为它们在一个平面上。要是在宇宙中的另一个地方看猎户座，图案跟在地球上看到的肯定不同。要想制作猎户座模型，需要用到鞋盒、塑性黏土、吸管，以及猎户座的图片。

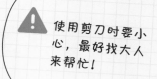

使用剪刀时要小心，最好找大人来帮忙！

1.从最下面的星星开始制作，每颗星星对应1根吸管。位置越靠下的星星，吸管要剪得越短，越往上，吸管要留得越长，这样从侧面才能看到图案的层次，否则看到的就只是一条横线。"猎人"的脚上需要1根吸管（最短），肩膀需要2根（第二短），以此类推，头上1根，腰带3根，大腿1根。测量好它们的位置后，再用同样的方法测量"猎人"的右臂和盾牌，一共需要5根。还有"狮子"的头，需要6根。算好每颗星星的位置和吸管数量之后，把塑性黏土捏成小球，粘在每根吸管的顶部。

2.在鞋盒的一侧剪开一个小窗户。把插好小球的吸管按照猎户座的图片排列，保证你从窗口往鞋盒里看时，能看到猎户座的全貌。把吸管底部也粘一点儿塑性黏土，这样就能立住了。

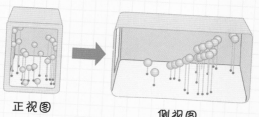

正视图　　　　　　侧视图

3.从前面的小窗户就能看到猎户座的图案，但从侧面看，就是另一番景象了。其实，如果从银河系的其他地方看猎户座，或许就是侧视图所展现的样子。

北天球的星星

如果你生活在北半球，就可以试着在天空中找找这张星图上给出的星座。但这并不是说，你一个晚上就能找到这里面所有的星座。因为靠近星图边缘的那些星星，每年只有在某些特定的时间才能看到，而星图中间的那些星星则会常常出现。

有一条星光闪闪的长河贯穿整个天空，它就是银河。

北天球的星图

使用星图时，要先转动一下，把当前的月份转到最下面。对照星图，这个月能看到的是星图中间和下半部分的星星。

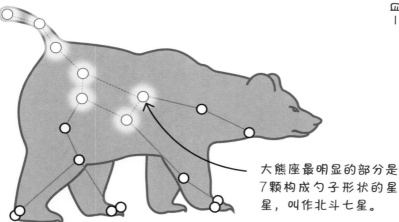

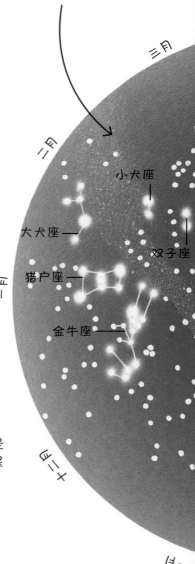

三月

二月

一月

小犬座

大犬座——

双子座

猎户座——

金牛座

十二月

十一月

大熊座最明显的部分是7颗构成勺子形状的星星，叫作北斗七星。

天上的熊熊

天上有两只"熊"，一只大"熊"（大熊座）和一只小"熊"（小熊座），这两个星座全年都可以看到。不仅如此，仙王座、仙后座和天龙座，也是全年可见的。

虽然这张星图上的星座看起来很小，但实际上它们真的很大。

每天晚上，星座的位置都会发生改变。只有北极星（中国古代也称北辰、紫微垣）的位置永远都不会变，其他星星都围绕着它转。

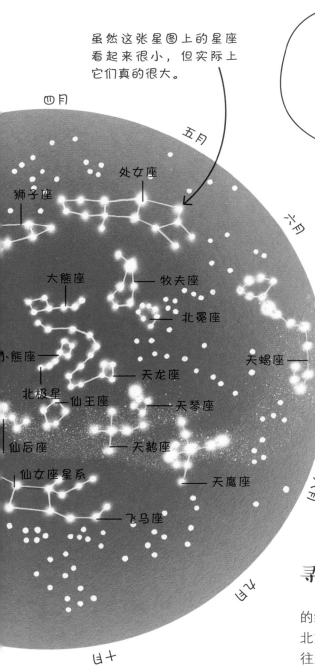

四月

五月

六月

七月

八月

九月

十月

狮子座

处女座

大熊座

牧夫座

北冕座

小熊座

天蝎座

天龙座

北极星

仙王座

天琴座

仙后座

天鹅座

仙女座星系

天鹰座

飞马座

从加拿大多伦多市找北极星，大约在与地平线成45°角的位置上。

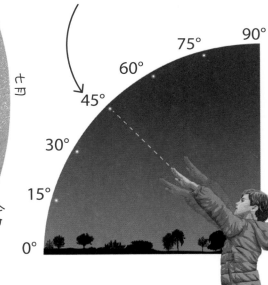

90°
75°
60°
45°
30°
15°
0°

寻找北极星

　　事先问一下爸爸妈妈，你家所在的纬度是多少。手持指南针，面向正北方向，抬起手臂，然后向前平举，往上举到你家所在的纬度，指南针指尖所指的方向就是北极星的位置。

南天球的星星

在南天球中，星座有大有小。最大的是南十字座，全年都可以看到，星图中央的那些星座也是如此。靠近星图边缘的星座随着季节的变化而变化，时而可见，时而不可见。这些星座为南北天球所共享，它们有时候在南天球出没，过段时间又会转到北天球。

南天球的星图

转动星图，把当前的月份转到最下面。然后对照着星图，这个月所能看到的是星图中间和下半部分的星星。

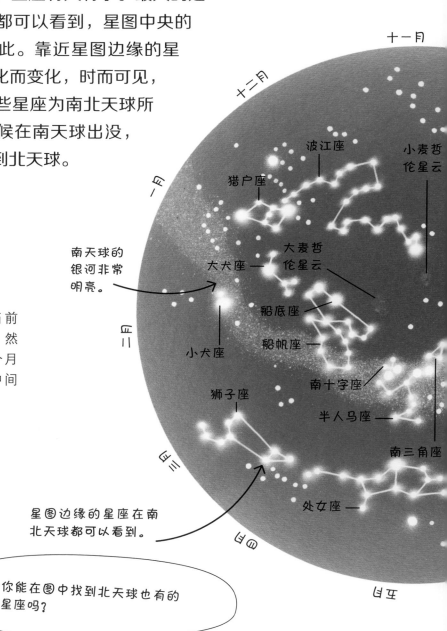

十一月

十二月

一月

波江座

小麦哲伦星云

猎户座

大麦哲伦星云

南天球的银河非常明亮。

大犬座

船底座

小犬座

船帆座

二月

南十字座

狮子座

半人马座

南三角座

三月

处女座

星图边缘的星座在南北天球都可以看到。

四月

五月

你能在图中找到北天球也有的星座吗？

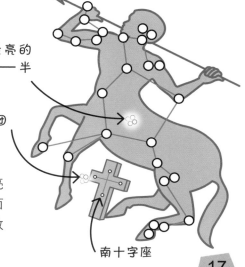

天狼星

南十字座由4颗星星组成，虽然这个星座很小，但是非常亮，很容易找到。

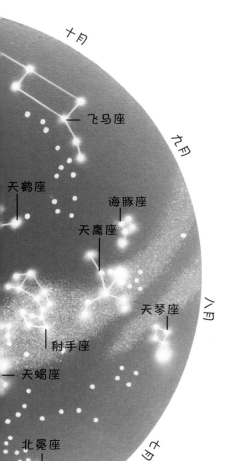

十月

飞马座

九月

天鹤座
海豚座
天鹰座
天琴座

八月

射手座
天蝎座
北冕座

七月

六月

跟着那颗星星

　　在暖意洋洋的春天，面朝南方，借助指南针就能找到南十字座；面朝西方，就能找到夜空中最亮的星——天狼星；面朝东方，就能找到天蝎座主星，也就是天蝎座中最亮的星星，中国古代将其叫作心大星，也就是心宿中最亮的星星。

半人马里的好人

　　半人马座在南十字座的上面。在古希腊神话中，半人马是一种非常凶残的怪物，它们一半是人，一半是马。天上的那个"半人马"与神话中的半人马可不一样，他的名字叫喀戎（kā róng），不仅能骑善射，还精通医理和音乐。

半人马座中有最亮的古老恒星星团——半人马座 Ω 星团。

珠宝盒星团

珠宝盒星团

　　南十字座旁边还有一组很漂亮的星星，叫作珠宝盒星团。这里面有很多好看的星星，看起来就像散落在天上的珠宝一样。

南十字座

17

黄道

黄道面是地球围绕太阳公转的轨道平面，黄道面与天球相交的圆圈，坐落着12个特殊的星座，也就是我们俗称的黄道十二宫。虽然太阳、月球和行星会在天空中来回穿梭，但是它们的运行轨迹都在相同的星空背景下。

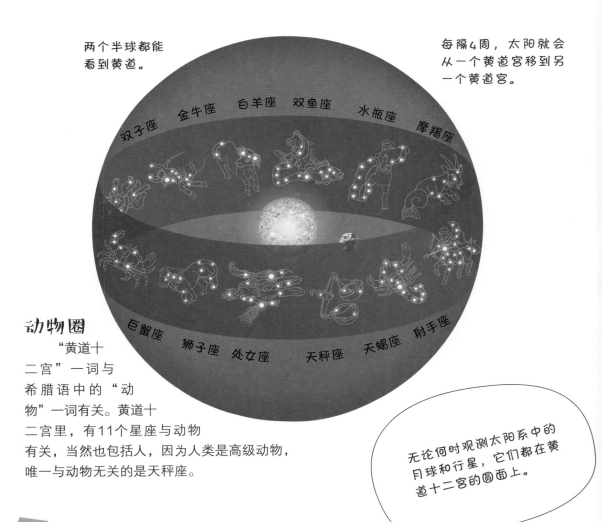

两个半球都能看到黄道。

每隔4周，太阳就会从一个黄道宫移到另一个黄道宫。

双子座　金牛座　白羊座　双鱼座　水瓶座　摩羯座

巨蟹座　狮子座　处女座　天秤座　天蝎座　射手座

动物圈

"黄道十二宫"一词与希腊语中的"动物"一词有关。黄道十二宫里，有11个星座与动物有关，当然也包括人，因为人类是高级动物，唯一与动物无关的是天秤座。

无论何时观测太阳系中的月球和行星，它们都在黄道十二宫的圆面上。

天蝎座

虽然蝎子的体形很小，但是它们很具有危险性。在古希腊神话中，天上的这只"蝎子"把猎户座中的"猎人"给蜇死了。

天蝎座主星

蝎尾

几颗星星连成一条曲线，构成了"蝎子"的尾巴，尾巴尖上还有一根危险的毒针。

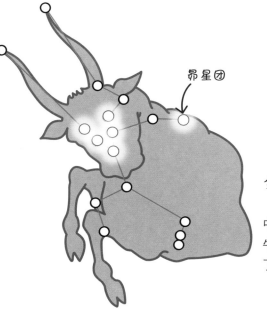

昴星团

星星图案

选定一个星座，如天蝎座，然后做一个自己的星星图案。你需要用到：卡纸、图钉、笔、台灯。

使用图钉时千万要小心，不要扎到手！

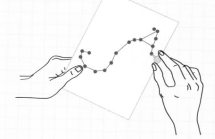

在卡纸上画出星座，然后用图钉在星星所在的位置扎出小洞。

打开台灯，从卡纸后面照一束光，这样就能看到星星闪烁了。

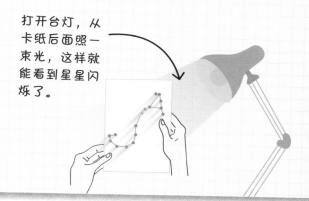

金牛座

有些星星的图案很容易就勾画出来。金牛座中，有几颗星星组成了"V"字形，构成了"公牛"的脸，"V"字形的分支继续向上延伸，构成了"公牛"的角。

模糊的天体

夜空中的星星看起来就像一个个小精灵，在不停地闪烁着光芒。除了它们，我们还能看到很多模模糊糊的星点或亮斑。这些东西可能是距离我们较近的星云或星团，也可能是看起来雾蒙蒙的星系，因为它们距离我们太远了，所以乱作一团，看得不够真切。

寻找相似星体

法国天文学家查尔斯·梅西耶陆陆续续地把天空中模模糊糊的天体列了出来，还根据它们的形状给一些天体取了名字，并且制成了一张星表，叫作梅西耶星表。

仔细看看

其实，有些看似模糊的天体并不是真的模糊。有些年轻的星团，如昴星团，用肉眼看可能有些模糊，但如果借助望远镜，还是很容易辨别出来的，它们其实是一群恒星。而有些天体即便使用功能强大的望远镜来看，依然很模糊。这样的天体叫作星云，"云"的意思是"云雾迷蒙"。因此看来，星云就是云雾似的星星集合体。例如，我们之前在猎户座中看到的那把剑，就是一块雾蒙蒙的亮斑。

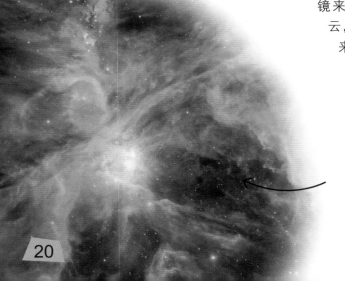

猎户座星云是一片巨大的气体尘埃云，里面有很多年轻的恒星，它们把整片星云都照得很亮。

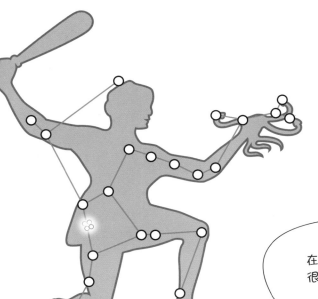

巨大的恒星球

　　球状星团是指外观呈球形并且由很多恒星组成的星团，这里面有成百上千颗恒星。这些恒星是银河系中最早形成的一批恒星，大约有100亿年的历史了。你可以在天琴座和北冕座的中间，找到武仙座的球状星团。

在北天球中，武仙座里有一个很亮的球状星团。

最亮的球状星团

　　夜空中最亮的球状星团位于南天球中的半人马座，它看起来像一块雾蒙蒙的亮斑。不过，用望远镜观测的话，还能看到星团中的恒星。

行星状星云

　　左图所示呈环形的星云，叫作行星状星云。虽然它们的名字中带有"行星"二字，但是跟行星一点儿关系也没有，行星状星云是由垂死的恒星抛出的尘埃和气体壳组成的。

星系

　　一大群恒星聚集在一起，构成了星系，它们在宇宙中旋转运动。宇宙中有上万亿个星系，星系有大有小，最大的星系由数万亿颗恒星组成。星系之间是宇宙空间，含有星际介质和尘埃。星系分为四大类：旋涡星系、椭圆星系、棒旋星系，以及不规则星系。

星系的诞生

　　星系诞生于巨大的气体尘埃云之中。气体尘埃云越大，产生的星系也就越大。在形成的过程中，星系会形成大量的恒星。

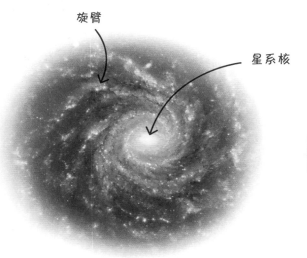

旋臂

星系核

旋涡星系

　　旋涡星系大多都呈扁盘形，在星系核的外面有紧密缠绕的螺旋状旋臂。在旋涡星系中，可以找到不同类型的恒星和星云。

椭圆星系

　　有些星系像球一样是圆圆的，还有一些像被拍扁的球，看起来扁扁的，它们都属于椭圆星系。椭圆星系之间的大小之分非常明显。

仔细找星系

星系离我们太远了，以至于在天空中都显得特别小。如果要想找到星系，一定要仔细观察才行。不过想在夜空中看清楚它们，还得让眼睛先适应黑暗的环境才行。我们已经学习了星图的相关知识，你或许知道在哪里可以找到星系。

仙女座星系是我们用肉眼（不借助望远镜等工具）所能看到的最远天体。

这是位于南天球的小麦哲伦星云。

向南航行

早期，亚洲和欧洲的天文学家只能看到北天球的星星。后来，葡萄牙著名的探险家费迪南德·麦哲伦向南航行，发现了两个北天球没有的星系。人们为了纪念他，将这两个星系分别命名为大麦哲伦星云和小麦哲伦星云。

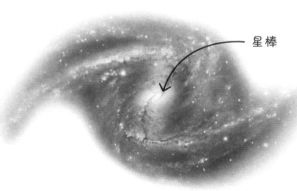

星棒

棒旋星系

棒旋星系其实也属于旋涡星系，虽然它与旋涡星系一样具有旋臂结构，但其核心与旋涡星系不同，呈棒状，因此得名。

不规则星系

顾名思义，有些星系没有特定的形状，所以叫作不规则星系。不规则星系相对于其他类别的星系来说，数量是最少的。

银河系

　　我们所在的星系叫作银河系，夜空中乳白色的带子就是我们的银河。银河系属于棒旋星系，有4条主要的旋臂。银河系里的星星多到数不清，大约有2500亿颗。夜空中，极目可见的所有星星，其实都在银河系里。

银河系有各种各样的星星：大的、小的，年轻的、衰老的……

银河系

　　从银河系的上方飞过，可以看到它呈螺旋形。但银河系实在是太大了，就算乘坐最快的火箭，估计也要飞上个几千万年才能飞到它的边缘吧！

银河系在不停地旋转，而银河系内所有的星星都会绕着银河系的中心旋转。

只是恒星家族中的一员

虽然太阳在我们眼里是个特殊的存在，但在银河系中，它只是一颗很普通的恒星。太阳坐落于银河系的一条旋臂上，距离银河系中心三分之一处。

在古希腊神话中，天后赫拉在给宝宝赫拉克勒斯喂奶时，不小心把奶洒了出来，形成了银河。因此，欧洲人将银河称为"乳汁之路"。

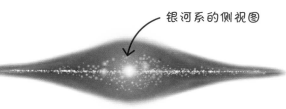

银河系的侧视图

侧视图

从银河系外看，银河系就像一个草帽，中心鼓起的地方是大多数星星"居住"的场所。从地球上，我们能看到一条长长的带子铺在夜空中，里面都是亮闪闪的星星。

南半球的银河

无论身在世界的哪个角落，你都能看见银河。尤其从地球的南半球看，银河更为壮观，我们甚至能看到银河系的中心。

北半球的银河

在这里，人们用肉眼即可见到银河。不过，借助望远镜会看得更为清楚，能看到成千上万颗星星在天空中闪烁着，构成了银河系的微光。

太阳家族

我们最熟悉的恒星就是太阳了。和天上所有的恒星一样，太阳也是一个巨大的、温度极高的气体球。太阳有着属于自己的行星家族，而我们的地球就是其中的一员。没有太阳的光和热，地球上就不会有生命，甚至大气也只能被冻结在地上。

太阳的"脸上"总是有一些斑点，人们称之为太阳黑子。因为太阳黑子表面的温度比太阳其他地方的温度都低，所以显得黑一些。

不冷不热

地球到太阳的距离约为1.5亿千米，这个距离不远不近，刚好让我们能够生存下来。要是再近一点儿，人就会直接被烤熟；要是再远一点儿，人就会被冻僵。太阳是唯一我们可以看得很真切的恒星。天文学家用特殊的仪器去研究太阳，我们也因此对宇宙中的其他恒星有所了解。

一些巨大的炽热气流从太阳表面"跳"出来，叫作日珥。

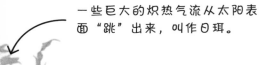

水星　　金星　　地球　　火星

木星

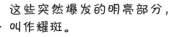
这些突然爆发的明亮部分，叫作耀斑。

看太阳

太阳实在是太亮了，我们绝对不能用肉眼直视它，否则会对眼睛造成伤害。不过，我们用一些安全的办法，或许能让你好好看看太阳。我们需要用到：望远镜、剪刀、白纸、薄卡片和胶带。

 使用剪刀时千万要小心！

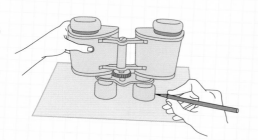

太阳成像上的那些小黑点儿就是太阳黑子。你可以每日观察太阳黑子的变化，然后把它们都记录下来。

1. 把望远镜的目镜放在薄卡片上，把两个镜口描下来。然后把画好的两个圆圈剪下来，让目镜穿过薄卡片上的两个小洞，在边缘粘好胶带，固定住卡片。再拿一个镜盖盖住望远镜下方的一个大镜筒。

2. 如上图所示，在椅子上放一张白纸，然后拿起望远镜，调整位置，让阳光只能通过没盖镜盖的那个大镜筒。然后挪动白纸，直到纸上出现太阳的成像为止。

天各一方的亲戚

太阳和行星家族是在同一片气体尘埃云中形成的，但最初那团星云实在太大了，分布又太广，导致有些行星亲戚离我们非常远，想上门拜访都十分困难。比如，要想飞到遥远的矮行星——冥王星，就算乘坐最快的客机，也要在太空中飞上几百年甚至更久才能抵达目的地。

土星

天王星

海王星

冥王星

太阳系

　　太阳和它的行星家族合称太阳系。除了行星，太阳系里还有170多颗卫星、几百万颗叫作小行星的岩石天体，以及几十亿颗彗星。太阳位于太阳系的中心，太阳系内所有的天体都围绕着它旋转。具体而言，卫星环绕行星运动，二者构成的系统又绕太阳旋转。小行星多存在于火星与木星轨道之间的小行星带，以及海王星轨道外黄道面附近的柯伊伯带。彗星常常位于包裹着太阳系外围的奥尔特云。

绕着太阳转

　　每颗行星都有自己绕日运行的轨道，它们朝同一个方向旋转，但是速度不一。

> 一个行星年即一颗行星绕着太阳转一圈所需要的时间。海王星上的一年很长，大约是地球上一年的165倍，即165个地球年。

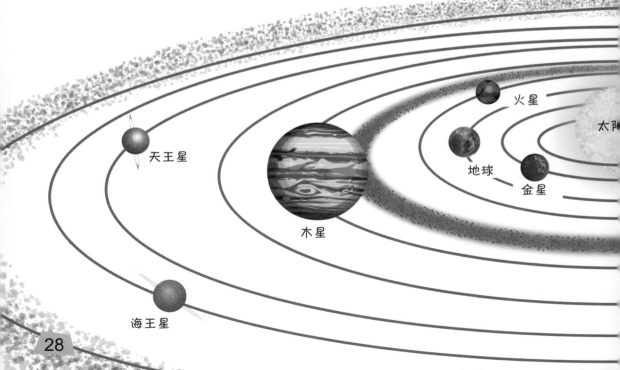

天王星

木星

火星

地球

金星

太阳

海王星

谷神星是在小行星带中被发现的，另外4颗矮行星都位于柯伊伯带。

大球和小球

　　不同的行星之间，大小差别很大。水星是太阳系中最小的行星，木星是最大的行星。此外，还有5颗矮行星，冥王星就是其中的一员，其他4颗分别为谷神星、阅 (xì) 神星、鸟神星、妊 (rèn) 神星。

远离太阳

　　海王星是距离太阳最远的行星。不过，阅神星更远，它与太阳之间的距离是海王星与太阳距离的两倍呢！

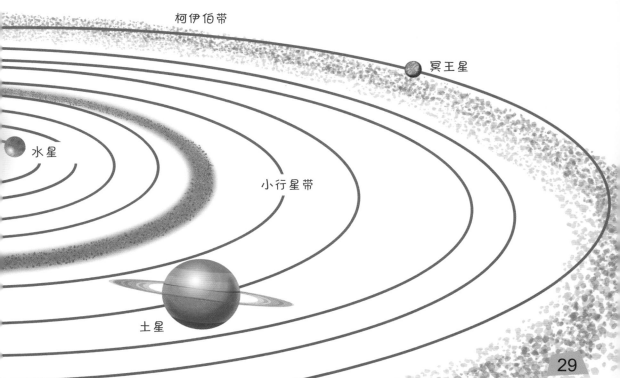

柯伊伯带

冥王星

水星

小行星带

土星

水星和金星

距离太阳最近的两颗行星——水星和金星，都是岩石行星。距离太阳很近，这也就意味着它们比地球要热得多。然而人们发现，它们之间存在很大的差别。水星上没有大气层，几乎可以说是一点儿空气都没有，而金星外面则环绕着很厚的大气层，与水星大相径庭。

金星的云层很厚，以至于我们无法透过它看到金星的表面。

金星

明亮的行星

金星看起来非常明亮，这源于它周围的云层反射太阳光的效果实在太好了。尤其是在地球上的日出前或日落后，金星就是天空中最亮的那颗星。正因如此，它也被人们称作启明星或长庚星。

不适合人类

金星不适合人类造访或居住。若是降落在金星的表面，人不仅会被高温烤干，还会被云层中的酸雨腐蚀。除此之外，金星大气层的高压也会把人压成肉干。

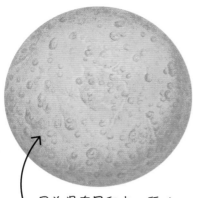

因为没有风和水，所以水星上的陨石坑永远都不会被销蚀。

遭到重击的行星

　　水星上布满了碗形的大坑，叫作环形山或陨石坑。一直以来，不断有小行星撞击水星，使水星表面到处都是坑坑洼洼的。我们不太容易看到水星，因为它离太阳太近了，白天会被太阳的光芒掩盖住，夜晚它又和太阳一起"跑"到了地球的另一面。只有在日出或日落时分，我们才有可能在地平线附近看到水星。

制作陨石坑

　　我们可以自己试着制作陨石坑地表。需要准备的材料包括：碗、勺子、面粉、报纸，以及形状、大小各异的物件，如小球、玻璃球、石头等，这些东西可以当作"小行星"。

1.向碗里倒一些面粉，大概5厘米深即可，用勺子把面粉表面抹平，这就是"地表"了。

2.在地上铺几张报纸，把碗放在报纸上，然后把"小行星"，如小球、玻璃球、石头等东西都扔到面碗里。

3.观察一下大小不同的"小行星"所造出的"陨石坑"。大一点儿的"小行星"打在"地表"，形成的"陨石坑"更宽、更深。接下来，用不同的速度向面碗中扔这些"小行星"，你会发现扔的速度越快，对"地表"造成的撞击也就越大。

最好在户外做这个小实验，免得把面粉弄得到处都是。

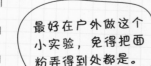

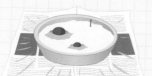

地球

地球可以说是太阳系中独一无二的存在。据我们所知，目前只有地球上才有生命。不过，地球也并非一直如此，经过46亿年的演化，地球从最初的尘埃云变成如今生机勃勃的星球。然而，诸如火山喷发、地震、气候变化，以及人类的活动……都在不断地影响着地球，使地球每天都在不断地变化。

地球主要是由岩石和金属组成的。

去地球旅行

想象一下，我们从宇宙深处前往地球旅行。一开始，我们会看到一颗蓝色的行星。再靠近一点儿，就能看到上面飘浮着的朵朵白云、棕绿交错的地面，以及万里汪洋。

地球表面大约有四分之三的地方被水所覆盖。

地球反照

地球反照是指地球表面反射的太阳光，照亮邻近天体的现象。在月球上观测地球，能看到地球闪闪发光，但它在空中的位置不变，不会随着月球的自转而升起和落下。因为像月球这样被地球引力俘获而绕地球旋转的天体，会在重力梯度的作用下，发生潮汐锁定现象，永远以同一面对着另一个天体。对于月球来说，它的正面始终对着地球。右图所示就是从月球上看到的白天的地球。

地球就像一艘穿梭在宇宙中的宇宙飞船，它在轨道上环绕太阳运行的速度，比喷气式飞机要快100多倍。

明亮绚丽的光线在空中交错变换。

炫彩夺目的光

太阳会不停地发射出太阳风粒子，这些粒子穿过地球的大气层，与地球磁场相互作用，形成令人叹为观止的"彩光秀"。这种"彩光秀"只能在南北极附近的天空中可见，因此也叫作南极光或北极光。

地球的故事

地球已经46亿岁高龄了。起初，地球温度极高，金属和岩石都化成了岩浆。金属的密度大，很沉，于是陷进了地球中心的内核。随着时间的推移，最外层逐渐冷却，形成固体地壳。紧接着，地球由外向内一层层降温，水蒸气遇冷变成雨滴，落在地球的表面，形成了江河湖海。

地球内部的层状结构

月球

　　月球绕着地球旋转，地球又绕着太阳旋转。如果天气很好，我们几乎每天晚上都能看到月亮在天空中高高挂起，甚至有时白天也能看到它。其实，我们所见的月亮每天都在发生变化，大约每隔29.5天就又回到原来的样子。月亮形状的不断变化，叫作月相。

月相

　　月球在绕地球旋转的过程中，太阳光照到月球上的区域不同，导致我们每天所看见的月亮形状也是不一样的。有时，它甚至会从我们的视野中消失不见。

下弦月：此时，月球位于绕地球轨道的后四分之一处。

残月：月亮很快就会在天空中消失不见。

新月：通常我们看不到新月，因为它面朝我们的那一面都是黑的。

太阳会照亮地球和月球。

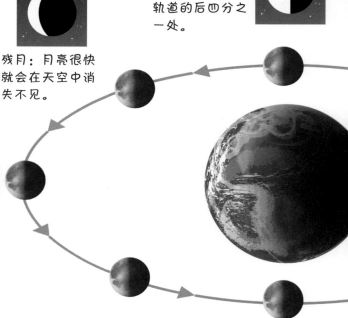

蛾眉月：太阳开始照亮面向我们的这部分月球了。

上弦月：此时，月球位于绕地球轨道的前四分之一处。

月球移动

天上所有的天体都在运动，月球也不例外，它会沿着一个固定的轨迹移动。在这期间，我们看到的月亮也在不断地变化。左图中，月亮的位置发生了变化。

制造自己的月相

只需要一支手电筒、一张银箔、一个大一点儿的圆形物件，如苹果，就可以自己模拟月相的变化了。把银箔团成高尔夫球般大的球，作为"月球"。然后把苹果看成"地球"，把手电筒的光当作"太阳光"。

1. 把"地球"和"月球"放在桌子上，"太阳光"从一臂以外的地方照向"地月系统"。

2. 站在原地不动，手拿"月球"绕着"地球"转，你就能看到被"太阳光"照亮的那部分"月球"是什么样子的了。

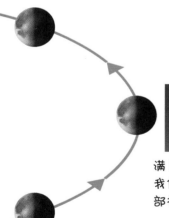

渐亏凸月：月亮变"小"的过程，我们也称之为"亏"。

满月：月球面朝我们的那一面全部被照亮。

渐盈凸月：月亮有四分之三是可见的，这种正在"长大"的月亮又称之为"盈"。

月球特写

即使不借助任何特殊的仪器，我们也能看清照片中月球表面的细节特征。这是因为月球表面没有大气层，不会遮挡我们的视线。月球上的暗黑区域是低地，明亮区域是高地。我们也将暗黑区域叫作月海，如静海、冷海、危海等，一共有20多个。实际上，月海并非海洋，而是类似玄武岩的岩石平原。明亮区域也叫作月陆，"海""陆"交界处是月球山脉。

观测月亮

良好的天气状况适合观测月亮，你可以记录下它的相位变化。用肉眼观测过月亮后，再借助望远镜，或许可以看到更多的细节。当然，你也可以试着画出月亮表面的特征。

月球漫步

在所有的天体中，人类只在地球和月球上漫步过。迄今为止，全世界只有24个人到过月球，其中有12位在月球表面行走过。据说，等下次宇航员次再造访月球时，会在那里设立月球基地，供日后造访月球的宇航员停留时使用。

我们只能看到月球的这一面。

跳高

在月球上生活跟在地球上生活是不一样的。那里没有声音，因为在没有空气的月球上，声音根本无法传播。同时，月球的引力也很小，人在月球上跳起来的高度，大约是在地球上跳起高度的6倍。

做一个月球

制作月球模型需要用到：报纸、面粉、水、小球，以及塑料薄膜、绳子、胶带。

1.先把面粉和水混合在一起，做一碗面粉糊。然后把报纸撕成小块，放在面粉糊里。再把塑料薄膜围在小球的表面，将它一分为二。把湿报纸从面粉糊里捞出来，铺在有塑料薄膜一侧的半球上，铺上4层。等它干了以后，把这半球上的报纸揭下来，当作月球的半球。重复上述步骤，制作月球的另一个半球。

2.把绳子的一端粘在一个半球的内部，另一端粘在另一个半球里，这样就能把两个半球粘在一起了。合拢后，再用胶带把缝隙粘紧。然后用3层湿报纸把连接处的缝隙盖住。

3.把报纸球壳晾干后，可以依照前面所展示的月球图片，绘制出月球的表面特征。也可以用湿报纸捏出月球表面的陨石坑和高地。整个月球做好后，可以用绳子把它挂起来。

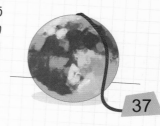

月球上的陨石坑跟水星上的很像，都是成千上万的小天体砸在上面留下的痕迹。

火星

如果你想拜访其他的行星，火星绝对是不二之选。在环绕太阳运动的行星中，火星距离我们不算太远。不仅如此，火星表面的特征也与地球的很像。火星上到处都是红色的沙尘，甚至有时狂风吹起，可以把红色的尘土吹到大气中，使火星的天空看起来也是红色的。然而，火星上没有足够的空气，温度也比地球上低很多，动植物根本无法在此生存。

大约100年前，有些科学家认为火星上存在智慧生命，不过我们至今也没有找到相关证据来证明这个假说。

铁锈色尘埃

为什么火星又被称为红色星球呢？因为从地球上看，它就像一个红色的圆盘。航天器登陆火星后，发现上面遍布铁锈色的尘埃，所以火星也被称为红色星球。

猛烈的火山

火星的表面有很多大型火山。很久以前，火山喷发，改变了火星的表面特征。不过，如今它们都成了死火山。其中，最高的火山叫作奥林匹斯山，其高度是地球上最高山峰——珠穆朗玛峰高度的3倍。

奥林匹斯山

红色的尘土遍布火星。

火星上常常寒彻入骨。

"海盗 2 号"航天器

美国国家航空航天局（NASA）的"海盗2号"航天器曾造访火星，并拍摄下了这张图片，让我们得以看到火星岩石遍布的贫瘠表面。如今，科学家也准备让宇航员登陆火星。或许等你们长大以后，就能看到人类成功登陆火星的好消息啦！又或许，你就是那个登陆火星的宇航员！

沙尘暴

火星上的沙尘暴能持续刮好几个星期，强风卷起地上红色的尘土，奋力地抛向空中。借助功能强大的望远镜，我们可以看到沙尘暴所到之处火星颜色的变化。

旋转飞舞的
红色尘土

火星的南极、北极都有冰盖。

木星

　　木星的体积巨大无比，但其实它的内部只有一个小小的内核是固体，其余部分都是气体和液体。木星的外层云雾缭绕，上面有一些暗黑色条纹，还有颜色各异的明亮区域。木星外部的云层能很好地反射太阳光，我们在地球上即使用肉眼，也能看见它在夜空中闪耀的身影。

木星云层的外壳十分冰冷。不过，越靠近中心，气温越高。

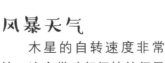
木卫二

木星的旅程

　　我们常常误以为，木星是夜空中一颗闪亮的银白色恒星，因为它在整个星空背景中移动得十分迟缓，我们甚至要花几周的时间才能看出它的位置变化。木星要用一年的时间，才能在黄道十二宫里"溜达"完一宫。

风暴天气

　　木星的自转速度非常快，这会带动起极快的行星风，产生骇人的风暴。木星上的风暴比地球上的风暴要大得多，持续的时间也更长。那个名为大红斑的风暴，已经至少刮了300年。

大红斑是我们已知的太阳系里最大的风暴。

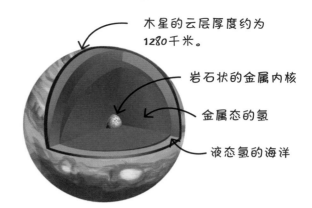

木星的云层厚度约为1280千米。

岩石状的金属内核

金属态的氢

液态氢的海洋

横截面图

木星的云层大多是由氢气和氦气组成的，云层之下是液态氢的海洋，再往下是金属态的氢，中心是岩石状的金属内核。

卫星队伍

木星拥有许多卫星，其中最大的4颗卫星分别叫作木卫一、木卫二、木卫三和木卫四，在地球上用普通的望远镜就能看到它们。

木卫四

木卫三

航天器在飞越木星时，发现它有一个很细的环，但是不太明显，在地球上就算用功能强大的望远镜也观测不到。

木卫一

木星是太阳系里最大的行星，它的质量比太阳系里其他行星加起来的质量还要大。

地球餐

与木星比起来，地球的体积简直要用"渺小"来形容，木星一口能"吃"下1321个地球。

土星

土星和木星一样，也是一颗巨行星，它主要由气体和液体组成。土星有一条环带结构，在宇宙中延伸数千千米，主要由许多个围绕土星运动的石块和冰块组成，它们可以小至尘埃，也可以大如巨石。土星也有很多卫星，一共有60多颗。

把土星放在水中，它会浮在水面上哟！

土星上刮起的飓风，其风速是地球上的10倍。

彩色的云

土星云中含有很多不同的物质，因此可以呈现出多彩的颜色。科学家透过最外层金色的云层，看到了里面蓝色和棕色的云。

这些环带结构只有用望远镜才看得到。

土星环不是一圈完整的固体，而是由许许多多的石块和冰块组成的。

"大耳朵"

当天文学家第一次观测到土星环时，他们并不知道那是什么，还以为土星长了耳朵呢！

环带结构

随着土星的不断运动，我们所看到的环带结构的样子也是不同的。每隔15年，土星就会把它的侧面朝向我们一次。这时候，我们是看不到土星环的。

我们有时能看到土星环清晰且完整的结构。

土星的侧视图

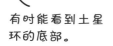

有时能看到土星环的底部。

特写

有些土星环是由小块的冰砾和尘埃组成的，还有一些环里含有像汽车那么大的冰块和石块。

磁性行星

有些行星就像一块巨大的磁铁，磁力可以延伸到太空中。我们可以用铁粉、磁铁、卡纸和一个塑料半球，来模拟行星附近的磁场。

撒铁粉时千万要小心，避免吸入鼻子和口腔中，也不要弄到眼睛里。

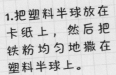

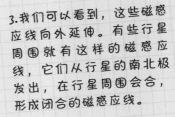

1.把塑料半球放在卡纸上，然后把铁粉均匀地撒在塑料半球上。

2.小心地把卡纸拿起来，悬在磁铁上方。轻轻抖动卡纸，就能发现铁粉在塑料半球的周围形成了细线状的图案，这就是磁感应线。

3.我们可以看到，这些磁感应线向外延伸。有些行星周围就有这样的磁感应线，它们从行星的南北极发出，在行星周围会合，形成闭合的磁感应线。

天王星和海王星

这两颗行星距离我们实在是太远了，必须使用功能强大的望远镜才能看到它们。1977年，美国国家航空航天局（NASA）发射了"旅行者2号"探测器，它向我们传回了许多有关这两颗行星的信息。我们由此得知，天王星和海王星非常寒冷，几乎都是由气体和冰块组成的。

天王星的环状结构由13条独立的环组成，里面都是深色的岩石。

"躺"着自转

天王星的主要成分是氢气和氦气，除此之外，还有一种叫甲烷的气体，正是因为它们的存在，天王星才看起来呈蓝绿色。天王星的自转轴倾角接近90°，也就是说，它的自转轴与绕太阳公转的轨道面几乎平行。天王星绕太阳旋转的同时，自己也发生了自转，看起来就像一颗在躺着打滚的行星。这是一种十分异常的现象，因为其他大部分行星的自转轴几乎都垂直于绕太阳公转的轨道面，自转轴倾角不超过30°。

"旅行者2号"探测器向地球传回了数千张图片。

天王星的夏天会持续40多年，只不过即使是夏天，天王星上依然很冷。

长途跋涉

1977年，"旅行者2号"探测器离开地球，前往太阳系内非常遥远的4颗行星。告别木星和土星后，"旅行者2号"探测器分别于1986年和1989年到达天王星和海王星。

更深的蓝

海王星的成分与天王星的基本相同。太阳照射在甲烷气体上，折射出各种颜色，这也就导致海王星的色彩变化十分多样。与天王星相比，海王星的颜色更深一些，我们透过它的大气层，能看到表面明暗相间的斑点。

海王星是太阳系中星风最强的行星。

海王星的环带结构非常暗弱。

海王星上有一块白斑跑得特别快，于是人们就给它取了一个可爱的昵称——小滑板。

海王星上的大黑斑是大型风暴，这个黑斑几乎和地球一样大。

海王星上的白斑，实际是甲烷冰形成的云块。

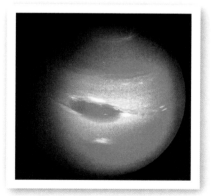

跑圈

海王星上的黑斑和白斑绕着它以不同的速度奔跑，就像田径场上赛跑的两个小人儿，有时候它们离得很近，有时候又拉开了很大的距离。

水 金 地 火　　木　　　土　　　天 海
M V E M　　J　　　S　　　U N

行星的顺序

在国外，人们把绕太阳运转行星的英文单词的首字母连在一起，编成了一句话，方便大家记忆。从第一颗行星——水星（M）开始：许多老年人看报纸的时候都打瞌睡。（Many Very Elderly Men Just Snooze Under Newspapers. 即：Mercury、Venus、Earth、Mars、Jupiter、Saturn、Uranus、Neptune。）

冥王星、卫星和小行星

冥王星属于矮行星的队伍，它不仅距离地球非常远，而且体积非常小，导致人们根本无法观测到它，就算借助功能强大的望远镜也不行。冥王星也有卫星，其中最大的叫卡戎（冥卫一），大约是冥王星的一半大。太阳系中共有170多颗卫星，只有水星和金星这两颗行星没有自己的卫星。

小小世界

冥王星非常小，甚至比月球还小。它是一个由冰块和岩石构成的小世界，既寒冷又黑暗。冥王星距离太阳实在是太远了，几乎无法感受到太阳散发的光和热。冥王星表面覆盖着厚厚一层冻结的气体，足有几千米那么厚。2015年，美国国家航空航天局（NASA）发射的"新视野号"探测器飞越了冥王星。

有些科学家曾一度以为，冥王星是被踢出海王星轨道的卫星。

从冥王星上看过去，太阳跟其他亮闪闪的恒星并没有什么不同。

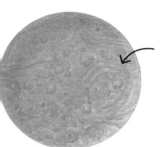

冥卫一绕冥王星一圈只需要6天，跟它自转的时间相同。

小行星带

太阳系中有几百万颗岩石质的小天体，叫作小行星。大多数小行星位于火星和木星之间，形成了一条小行星带，它们也绕太阳运动。

冥王星和冥卫一

冥王星是1930年由美国科学家克莱德·汤博发现的。这是一颗"命途多舛"的天体，人们一度以为它是太阳系的第九大行星，但又发现它有许多特征不符合行星的定义，后来国际天文学联合会（IAU）多次投票表决，几经沉浮，最终将它踢出行星之列，降级为矮行星。冥卫一是1978年发现的，它和冥王星一样，也是冰冻的岩石质天体。

木卫三

木卫二

木卫一

不同的卫星

卫星看起来形态各异。木卫三由岩石和冰块构成，上面布满陨石坑；木卫二看起来十分光滑，但上面有许多黑色的条纹；而频频发生火山喷发的木卫一，看起来则像一块大比萨。

是卫星还是小行星？

火星有两颗小卫星，火卫一和火卫二。它们和大多数小行星一样，长得很像土豆。人们猜测，它们以前很可能是被火星引力捕获的小行星，后来变成了火星的卫星。

彗星和流星

  彗星是由尘埃和冰雪组成的天体，就像一个个脏兮兮的雪球，它们都位于太阳系边缘的奥尔特云里。奥尔特云会时不时地踢出一颗彗星，送它前去"朝拜"太阳。有时候，我们能在夜空中能看到彗星掠过地球的轨迹，它会被太阳光照射得很亮，当有明亮的彗星划过天际时，总是特别令人瞩目。

彗星的尾巴可长达几百万千米。

彗星的主体位于这团气体尘埃球的中心地带，叫作彗核。

暖融融、脏兮兮

  有些彗星会飞到太阳系的中心位置——太阳附近。太阳的热气可以把彗星脏兮兮的雪融化成气体和灰尘。彗星损失的物质形成一条长长的尾巴，拖在彗星的后面。越过太阳后，彗星渐渐远去，尾巴也越来越短。

哈雷彗星回归

有些彗星在夜空中会周期性地出现，其中最著名的一颗叫作哈雷彗星，它每隔76年就会绕太阳旋转一周。不过，像哈雷彗星这样的彗星不会永世长存，它们每次经过太阳的附近，就会损失一些物质，久而久之就变得越来越小。

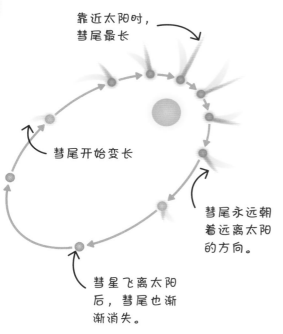

靠近太阳时，彗尾最长

彗尾开始变长

彗尾永远朝着远离太阳的方向。

彗星飞离太阳后，彗尾也渐渐消失。

流星雨

发生流星雨时，宇宙中的一些岩石物质迅速降落，进入地球大气层时发生剧烈摩擦，它们燃烧发热，产生一道道亮光，在夜空中划出耀眼的轨迹。几乎每年的12月，都会发生双子座流星雨，每小时会有几十颗流星。

巴林杰陨石坑

宇宙中有些石块太大了，在坠落的过程中没烧干净，残留物会砸到地球表面，成为陨石。大约5万年前，一个巨大的陨石砸到了美国的亚利桑那州，形成了宽约1.2千米的陨石坑，人们称之为巴林杰陨石坑。

天文学家的工具

　　天文学家会使用一些特殊的仪器研究恒星和行星，其中最重要的就是望远镜了。望远镜能够帮助人们更好地了解夜空。但天文学家很少直接透过望远镜去观测，因为现代望远镜会自动工作，它们能操控照相机和计算机，自动记录下观测到的东西，然后把信息传送给办公室里的天文学家。天文学家就通过分析这些照片和数据，来研究、探索宇宙的奥秘。

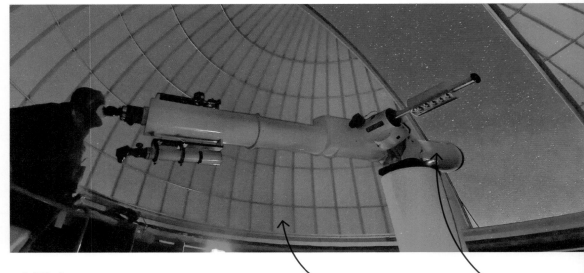

云层之上

　　望远镜大多保存在圆顶形状的建筑里，我们称之为天文台或观测站。世界上最好的天文台都建在高山之上，这样就可以把望远镜置于云层之上，远离城市的灯光，不受光污染的影响。否则，灯光会湮灭星光，不利于观测。

启动望远镜时，天文台的圆顶会向两侧打开。

类似于这样的望远镜就可以拍摄照片。

宇宙探测器

地球大气层有时会阻挡宇宙向我们发射的信息。为了克服这个缺点，天文学家发射了一些宇宙探测器，它们可以深入太空，近距离观测行星。还有一些其他的航天器，如人造卫星，可以在大气层以外绕着地球运转，尽情地探索宇宙。

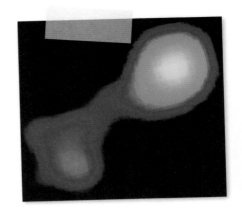

深入恒星

不同的工具观测恒星的方式也有所不同。X射线卫星会在X射线波段拍摄恒星的图片。虽然有时恒星的亮度不够，但X射线图片仍能展现出恒星内部的各种活动，体现它的活力。

哈勃空间望远镜环绕地球运动。它在大气层外观测宇宙，不受云层的影响，比地面望远镜看得更远。

很多世界各地的高山之巅，都有天文台。

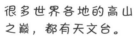

这是一种特殊的望远镜，叫作射电望远镜，可以听到恒星的"心声"。

帮了个大忙

计算机不仅能控制望远镜、人造卫星和宇宙探测器，还能帮助天文学家做大数据计算、执行编写的程序，以及弄清楚探测到的内容。计算机之于现代天文学的重要地位，可以与望远镜相媲美。

探索宇宙

借助地面望远镜，从地球向外观测，我们能对宇宙有更加深刻的认识。不过，如果可以深入宇宙内部去探索，就能看得更为真切，甚至能看到在地球上看不到的东西。天文学家经常会向宇宙中发送人造卫星和探测器。有时，宇航员也会搭载航天器进入太空，探索近地宇宙。

获取信息

地球上有很多大盘子，看起来就像一个个大耳朵，它们会收集宇宙探测器发回的射电信号。在中国贵州建成的500米口径球面射电望远镜（FAST望远镜），外形像极了大地的耳朵。这是目前世界上口径最大的射电望远镜，俗称"天眼"。

"伽利略号"探测器

1989年，科学家向木星发送了"伽利略号"探测器。虽然它飞得非常快，但仍用了6年的时间才抵达木星，开始了为期8年的航天任务。"伽利略号"探测器环绕木星及其卫星运转，向地球传送相关数据。

这个像雨伞的部位就是用来和地球交流的。

照相机

主探测器展开后有公交车那么大。

"伽利略号"探测器有个小探针，用来穿透木星大气层，探测和收集数据。

这条长长的"胳膊"可以测量木星的磁场。

发射

　　火箭可以搭载人造卫星、宇宙探测器和宇航员发射升空，进入宇宙。下面，我们就用气球来制作运载火箭吧！

1.将一只气球吹大，但不要系住气口，用手捏住即可。

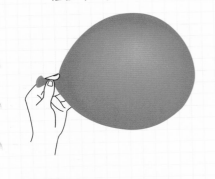

2.松手，让气球飞出去。气球内部的气体会迅速逸出，推动气球向前飞行。同理，火箭发射后，也会有一股热气从它的"尾巴"喷射出来，直冲地表。火箭受到冲力的反作用力，一下子就被推起来，飞入宇宙。

抓住那滴水

　　太空中几乎所有的物体都不受重力作用影响，飘浮在空中。因此，人们需要把航天器里的东西都绑住，防止它们飘走。宇航员喝水时，要使用吸管，如果有水洒出来，就会形成一个个小球，像气球一样飘浮在太空舱里。这时候，如果想喝到这些小水球，就要追在后面将它们抓住。

大背包

　　宇航员离开航天器进入太空后，要时刻预防在太空中飘走。有时，他们会背一个大背包，里面装着小火箭，帮助他们控制运动方向。如同前面提到的发射气球，宇航员点燃背包上的小火箭，依靠它们喷出气体产生的反作用力运动。比如，宇航员想往东走，就面朝东方，点火让火箭向西喷气。

53

花儿
Flowers

观察花儿

我们很难想象，如果这个世界上没有花会是什么样子。无论是花园里还是高山上，能开花的被子植物几乎遍布世界的各个角落。每一种花都有着特定的形状和颜色，它们能够完成自己特殊的使命。继续往下读，你就会知道花的使命是什么，以及花是如何完成这一使命的。

动物来敲门

从日出到日落，很多花都会迎来络绎不绝的动物访客，甚至有时候晚上也会有动物前来拜访。可是，这些动物来找花做什么呢？

三色堇（jǐn）也叫猫脸花或人面花，它们的花朵很大，颜色明快醒目，是典型的园艺花卉。

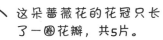

这朵蔷薇花的花冠只长了一圈花瓣，共5片。

花的真面目

我们看花的时候，往往将关注点都放在了多姿多彩的花瓣上。然而，花绝不仅仅只有花瓣，它们还有许多重要的部分。你知道这些不同的部分都有什么作用吗？

做记录

你可以用彩色铅笔和绘画本记录下看到的花。为了更好地观察和记录，你还可以借助一些工具。例如，放大镜能让你更好地捕捉到花的细节，剪刀和镊子能帮助你深入观察花的各个部分，笔记本能让你实时记录下看到的花的样子。如果你想长久地保存并记住一朵花的形态，还可以将它压制成标本，你将在这本书中学到这项技能。

使用剪刀的时候一定要小心，如果有必要，可以请大人来帮忙。

把花画下来的过程，能够让你更好地理解一朵花的各个部分是如何组合在一起的。

产生种子

一旦花朵枯萎凋谢，花的内部就开始孕育种子。有些植物的种子包裹在汁水丰富的果皮里，人们把种子和果皮组成的部分叫作果实。你知道种子是如何离开母本植物传播到其他地方，以及它们是如何长成一株新植物的吗？

我们吃的樱桃其实是一种多汁的果实，每颗樱桃只有一颗种子。

花的特写

　　想要深入了解花的结构，一个好办法就是把花的各部分拆开来详细观察。花的花瓣往往大而鲜艳，把花瓣摘下来，便能看到一朵花的关键部分，也就是能够产生种子的地方。

驴蹄草

　　驴蹄草只有一层花瓣，花朵的中央是能够产生种子的部分，叫作花蕊，包括雄蕊和雌蕊。有些植物的花可以同时拥有雄蕊和雌蕊，而有些植物的花则只有雄蕊或雌蕊。

驴蹄草的花

花瓣

花蕊

从中间切开的花蕊

尖尖的绿色部分能够形成种子，叫作子房。

放大观察

　　花中有很多肉眼难以看清的结构，这时可以使用放大镜，它能帮你更清楚地观察花的不同结构。

 使用放大镜时要小心，因为放大镜在太阳底下能聚光，可能会引发火灾。

多花合一

　　从远处看，菜蓟（jì）的花跟典型的花没有什么不同，但是若你近距离仔细观察就会发现，其实有许多微小的管状花紧密地排列在一起。认真观察雏菊的花盘，你会看到上面有许多小点儿，其实每个小点儿就是一朵小花。菜蓟和雏菊这类花其实并不是一朵花，而是植物的花序轴膨大成头状或盘状的花序托，上面有许多小花形成的头状花序。

菜蓟

每条细线都是一朵小花。

穗子状的菜蓟花

　　到附近的公园里找找，看看你能发现多少种花是头状花序。这朵菜蓟花上的管状花长成一簇，看起来像刷子一样。

将菜蓟的花序纵向切开，你就能看到像细管子一样的管状花了。

雏菊的秘密

　　采一朵比较大的雏菊，仔细观察它的管状花。每一朵管状花，最后都会变成一颗种子。

花盘是由很多小小的管状花组成的。

每一片花瓣其实都是一朵单独的舌状花。

复杂的花

在花园或野外观察花的时候，你会发现花的形状千变万化，有些花又扁又圆，有些花的形状像漏斗，像蝴蝶，甚至像雨伞。这些类型的花是结构特化的结果。有些花的花瓣会长在一起，形成造型独特的花冠。还有一些植物的总苞片出现特化，让人误以为它是植物的花冠。

有几片花瓣？

宽叶山黧（lí）豆的花冠有5片花瓣，外形看上去像蝴蝶一样，所以又叫作蝶形花冠。花冠最里层的两片花瓣一起向外突出，叫作龙骨瓣。还有两片花瓣叠在龙骨瓣的两侧上方，就像蝴蝶的翅膀，叫作翼瓣。第5片花瓣像一个弯曲的帽兜，覆盖在花的最上面，这片花瓣叫作旗瓣。

蝶形花冠由5片花瓣组成。

使用放大镜时要小心，因为放大镜在太阳底下能聚光，可能会引发火灾。

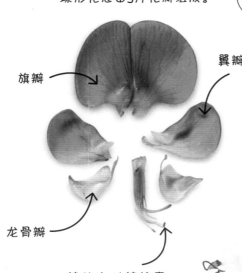

旗瓣

翼瓣

龙骨瓣

花药也叫花粉囊，里面装着的黄色粉末就是花粉。

长在一起

有些植物的花单独一朵长在茎枝顶上或叶腋部位，叫作单顶花或单生花。许多复杂的花也会按照一定的顺序长在花序轴上，叫作花序。

"烟斗"花

美洲大叶马兜铃的花，看上去像烟斗一样。这些花散发出的难闻的气味，能够吸引蝇类昆虫前来。蝇类昆虫钻进花朵之后，里面长着的毛会将它们困住，只有这些毛枯萎后，昆虫才能逃出来。

活陷阱

如果苍蝇掉进斑叶疆南星的花里，就会有一段不太美妙的经历。斑叶疆南星的花其实是一个肉穗花序，最外面像花瓣一样的是花序的总苞片，也叫佛焰苞。佛焰苞和肉穗花序形成的腔室就像个陷阱，昆虫掉进来后会被困在这里。

肉穗花序

佛焰苞的表面非常光滑。

苍蝇从肉穗花序或者佛焰苞上摔进下面的腔室，这里生长着许多小花。

棒状的肉穗花序会散发出特殊的气味，这种气味能够吸引苍蝇。

佛焰苞和肉穗花序构成的腔室。

61

另类的花

在自然界中，许多事物并不像看上去那么简单。有些植物的花瓣不仅小，而且颜色单调，可是当你远远看去，它们仿佛也有明显而艳丽的花冠。这些植物的叶片或萼片发生了特化，细胞里出现了特殊的色素，因而呈现出缤纷艳丽的色彩，就像其他植物鲜艳夺目的花瓣一样，也能够吸引昆虫前来。

找到那朵花

泽漆的花非常小，它们藏在每个"小杯子"的中央。而泽漆最明显的部分是由特殊的杯形叶片构成的，这些叶片叫作苞片。苞片是花序内不能促进植物生长的叶状物。

二合一

仔细观察这株绣球，你会发现绣球的聚伞花序有许多紧密排列的花。有些花长不出种子，叫作不育花，不育花有4片巨大的彩色萼片。其他的花则比较小，不过这些花能够长出种子，叫作孕性花。

内层的花相对小很多，只有这些花才能产生种子。

外层的花长了4片巨大的彩色萼片，用来吸引昆虫。

热带风情

要想看到九重葛真正的花，你必须得睁大眼睛仔细找，因为这些花非常小，并被特殊的粉红色叶状苞片围在中间。九重葛也叫叶子花或三角梅，是不是"花"如其名？

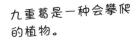

花

这些粉红色的叶片其实是花的苞片。

九重葛的叶柄通过钩住周围其他的植物攀缘。

九重葛是一种会攀爬的植物。

普通叶片

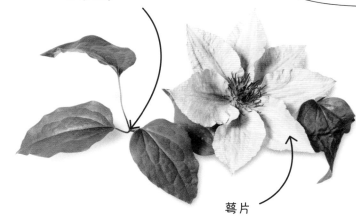

萼片

雪白的萼片

远远望去，铁线莲的花呈雪白色，但这些雪白色的部分其实是一圈萼片。很多花的萼片都是绿色的，非常小巧。但与之相比，铁线莲的萼片就大得多了，颜色也比花的其余部分更加鲜艳。

彩色的叶片

生长在野外的一品红会长成较大的灌木，到了花期，最上面的叶片会变成深红色。其实，一品红真正的花被鲜艳的叶片围在了中间，一个聚伞花序中通常有几朵雄花和一朵雌花。

不开花的植物

如果你养了一棵蕨类植物，无论你怎样精心呵护，它都永远不可能开花。同样，你也永远不可能在一片苔藓上找到花的影子。这是因为除了被子植物之外，其他的植物都不开花，而苔藓正好属于不开花的植物。苔藓也没有种子，它们通过产生尘土状的孢子来繁殖。

有的蕨类植物是矮小的草本植物，有的蕨类植物是高大的木本植物，甚至能长到房子那么高。

羽毛一样的蕨类植物

大多数蕨类植物都生长在潮湿的地方，它们的叶片往往会分成很多片，轮廓很像羽毛，这种叶片叫作羽状复叶。蕨类植物的新叶是识别它们的一个明显标志，新叶片一般都是卷曲着的，在长大的过程中，叶片逐渐展平。

蕨类植物和苔藓一样，通过孢子繁殖。很多蕨类植物的孢子长在叶片背面的孢子囊中。

淤泥与海草

到了夏天，池塘里有时满是绿色的淤泥。这些淤泥中含有大量微小的藻类植物，它们是非常简单的植物，不会开花。世界上有成千上万种藻类植物，餐桌上的海带就是其中之一，覆盖在树干上的绿色粉状的东西，其实也属于藻类植物。

生长缓慢但长寿

如果你认真观察岩石、墙壁和树干等地方，不难在上面发现地衣，它们看上去就像贴在表面的补丁。虽然它们的生长速度极其缓慢，但是寿命很长。地衣只能算是半个植物，因为它们是真菌和藻类植物的共生体，真菌为藻类植物提供水分、无机盐和二氧化碳，而藻类植物则通过光合作用为真菌提供营养。

有些地衣的颜色非常鲜艳。

随着不断生长，地衣会逐渐向外扩张。

蕈类伞底下皱巴巴的菌褶，能将孢子散到空中。

干与湿

苔藓属于小型植物，结构简单，只有茎和叶。它们通常生长在潮湿的地方，有些苔藓也会长在墙壁和屋顶上，而这些地方的苔藓有时候非常干燥。天气炎热的时候，它们会变成灰色，质地坚硬。而一场雨过后，它们又能变回绿色，重新开始生长。

蘑菇和蕈类

大多数真菌以其他生物的残骸作为营养物质的来源。蘑菇或蕈（xùn）类都是真菌，我们看到的是能够产生孢子的部分，而这些真菌的其他部分都藏在地下。虽然真菌看上去跟植物差不多，但实际上它们并不是植物，从亲缘关系上讲，真菌跟动物更近。

65

盛放之路

　　植物的花蕾就像一个装得满满的行李箱，外壳比较坚硬，能够保护内部结构免受损伤。在花蕾的内部，各个部分密实地卷成一团，只占据了非常小的空间。随着花蕾越长越大，各个部分也越长越大，当花蕾包不住它们的时候，花就会盛放开来。生长在花序上的花会按照一定顺序依次开放。有的是花序轴最顶端或中央的花先开，叫作有限花序；有的是花序轴下面或边缘的花先开，叫作无限花序。

长在最高处的花蕾最先开花，当这朵花凋谢后，下面的花蕾才会开放。

花蕾外面包裹了很薄的苞片，花从苞片中钻出来后，便会慢慢展开。

鸢尾花的花蕾会从尖尖的叶子状结构的褶皱中长出来。

花蕾由3枚苞片保护着。

长胡子的花

　　德国鸢尾也叫胡子鸢尾，春末夏初时开花，它们的花往往带有香气。这种植物原产于欧洲，如今已是广为种植的园艺植物了。

鸢尾花看上去有6片花瓣，但实际只有那3片直立向上的才是真正的花瓣，另外3片向下垂落的是花萼。这一朵鸢尾花内层花瓣的四周有许多褶皱，中间微微隆起。

欢迎来做客

鸢尾花不仅外形美观，而且为了吸引蜂类前来，花的结构还暗藏玄机，犹如精心设计的机器。当蜂类在花上驻足，鸢尾花就会把花粉撒到"客人"的身上。

外折下垂的是花萼，也叫外花被，内花被则是直立的花瓣。

外花被可以当作蜂类的降落台。

花萼内侧的花纹会引导蜂类找到食物，也就是位于花中心甜甜的花蜜。

粉色美人

百合花的花萼和花瓣外形是一样的，6片花被呈细长状，末端有尖。百合花的茎呈球状，叫作鳞茎，花就从鳞茎中长出来。百合花的颜色多种多样，我们常见的有白色和粉色。

花药上裹满了花粉。

紧紧卷起的花被

子房

花蕾内部

左图是一个即将开放的鸢尾花花蕾，将它纵向切开，你能不能找到里面卷起来的花被，以及能够产生种子的子房呢？

67

五彩绽放

花用缤纷的色彩吸引昆虫前来拜访，当蜜蜂或者蝴蝶看到颜色鲜艳的花时，就会向它们飞去。色彩就像指路牌一样，能够告诉昆虫哪里有美味的花蜜。不过，昆虫的眼睛和人的眼睛不同，可感受到的光谱也不完全一致。因此，在昆虫眼中，花的样子和我们看到的并不一样。

彩色颜料

花朵中存在一种叫作色素的天然物质，它们赋予了花瓣色彩。花之所以呈现多彩的颜色，是因为其中存在不同的色素。花的色素在不同的环境中也会呈现不同的颜色，如常见的花青素在酸性环境中是红色的，而在碱性环境中则是蓝色的。

植物染料

古希腊和古罗马人用植物色素给衣服进行染色。他们用番红花的花瓣，制作黄色染料；用菘蓝，也就是板蓝根，制作蓝色染料；用茜草的根，制作红色染料。

番红花

茜草的根

菘蓝

给花染色

植物的茎能够将水分由下向上输送给叶片和花朵。准备几支白色的康乃馨、水和食用色素，我们来观察一下花是如何向上吸水的。

1. 取一支康乃馨，让大人帮助你将花的茎劈开，一分为二。

3. 仔细观察，你会发现有一半花瓣的颜色发生了变化，这是因为花可以通过茎吸收水和其中的色素。

2. 取两个杯子，各装一些水，往其中一杯水里加一些食用色素，然后将劈开的两部分茎分别插进两个杯子中。

加了食用色素的水

普通的水

绿色的生长动力

植物的叶片中有一种绿色的色素，名叫叶绿素。对植物来说，叶绿素是一种非常重要的物质，它们能够从阳光中获取能量，维持植物生长。除了叶绿素之外，植物的叶片中还有类胡萝卜素。秋天，叶子掉落之前，里面类胡萝卜素的含量会超过叶绿素的含量，因此叶片会从绿色变成黄色或者红色，给秋天带来缤纷的暖色。

花粉的使命

地球上几乎所有的生物都是由细胞组成的。对于大多数植物而言，发芽生长的前提条件是两种细胞融为一体。其中一种细胞叫作卵细胞，它们生长在花的基部，位于子房内；另一种细胞叫作花粉粒，在雄蕊的花药中发育成熟。成熟的花粉粒需要传送到雌蕊的柱头上，才能与卵细胞结合，这个过程叫作传粉。有些植物的花粉粒传到同一朵花的柱头上就能结出果实，叫作自花传粉。在大多数情况下，花粉粒需要与另一朵花的卵细胞结合才能结出果实，叫作异花传粉。

雄蕊

来来往往

左图所示的百合花中既有卵细胞，又有花粉粒。然而，一朵百合花的卵细胞只有与另一朵花的花粉粒结合，才会产生种子。异花传粉产生的后代，往往具有更强的适应能力。

中间的雌蕊伸出来的部分叫柱头。另一朵花的花粉落在柱头上，才能完成授粉。

雄蕊顶端的花药能够产生花粉粒。

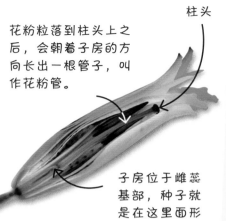

花粉粒落到柱头上之后，会朝着子房的方向长出一根管子，叫作花粉管。

柱头

子房位于雌蕊基部，种子就是在这里面形成的。

准备就绪的花粉

下图是一个横向剖开的百合花的花蕾，你能清楚地看到花的雄蕊和柱头。每个雄蕊的末端都有一个深橘色的花药，花药能够产生细腻粉末状的花粉。

花药

一个花药就能产生数百万颗花粉粒。

小小花粉粒

花粉粒的体积非常小，一枚大头针的针尖上几乎就能放50颗花粉粒。每种植物的花粉粒都有特定的形状，有些植物的花粉粒呈圆球状，有些植物的花粉粒呈三角形，还有些植物的花粉粒像香肠一样。花粉粒的形状也是鉴别植物种类的依据之一。

显微镜下的锦葵花粉粒

刺状的表面

锦葵植株

黏黏糊糊

花粉粒通常都具有黏性，当蜜蜂停留到花朵上时，往往会蹭到花药，于是花粉就粘在身上了。

动物来敲门

你看到过昆虫从一朵花飞到另一朵花上的情形吗？实际在这个过程中，它们就帮助植物传播了花粉。当一只蜜蜂落到一朵花上时，它的身上就会粘上花粉。而当它飞到另一朵花上时，它身上的花粉就会掉落一些，同时从这朵花上粘一些新的花粉。蜜蜂就是这样，无意间帮了植物的大忙。为了答谢蜜蜂的辛勤劳动，花会用甜甜的花蜜作为谢礼。除了蜜蜂以外，蝴蝶、飞蛾等昆虫，以及一些鸟类也是传粉动物。

极乐鸟花

鹤望兰也叫极乐鸟花，它们是通过鸟类授粉的，所以也叫作鸟媒花。鹤望兰的花大而鲜艳，里面有大量甘甜可口的花蜜。

鹤望兰的萼片为橙色，非常坚硬，不易被鸟类破坏。

产生花粉的部分就像可以让动物栖息的树枝一样，鸟类在这里降落时，脚上就会粘上花粉。

南非的鹤望兰通过南非织巢鸟传粉。

鲜艳的颜色能够吸引鸟类前来吸蜜。

花粉扑面

倒挂金钟的花常常倒垂下来，因而得其名。生长在野外的倒挂金钟，经常有蜂鸟登门拜访。蜂鸟能悬停在半空中吸食花蜜，这时花粉就会粘在它们的脸上或身上。等它们飞到下一朵花大快朵颐的时候，就会把这些花粉带过去。

蜂鸟一般会找红色的花停留并进食。

小红蛱蝶

倒挂金钟的雄蕊很长，足以让蜂鸟粘上花粉。

川续断的花中含有大量花蜜。

带刺的饮料

川续断的花能吸引有长"舌头"的昆虫来做客。蝴蝶和熊蜂的虹吸式口器，有一条能弯曲伸展的长管状食物道，因此它们能够从川续断花上的长刺中间穿过，吸食花蜜。普通蜜蜂的口器没办法伸这么长。

倘若留心观察川续断的话，你可能会看到一些以种子为食的鸟类，它们特别喜欢吃川续断的种子。

花香袭人

你有没有好奇过，为什么花有香味？花的香味可不是为了取悦人类。实际上，气味是花传递的一种信号，香味散发到空气中，一些昆虫收到信号后就会飞向气味最浓的地方。这个信号会指引它们找到花，以及甜美的食物。植物散发香气的时段与为它传粉动物的活动时段有关。大多数花白天时香味最浓，也有一些花的传粉动物是夜行性的，所以这些花主要在夜晚释放香味。

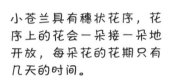

小苍兰具有穗状花序，花序上的花会一朵接一朵地开放，每朵花的花期只有几天的时间。

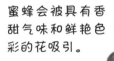

蜜蜂会被具有香甜气味和鲜艳色彩的花吸引。

气味香甜

小苍兰的花散发出的馥郁香气能持续好几天，因此人们经常会将它们采来放到屋子里。野生的小苍兰大约有20种，经过园艺师的特殊繁育，品种变得更多了。人们从小苍兰的花中提取香精油，用来制作香水、沐浴乳等。

吊钟形的花

呼叫蜜蜂

葡萄风信子长着像吊钟一样的小花。早春时节的白天，它们会释放出浓郁的味道，吸引蜜蜂前来。葡萄风信子原产于欧洲中部，如今它们是各地公园和花园中常见的观赏植物。

夜来芬芳

忍冬也叫金银花，如果你分别在白天和晚上闻一闻它们就能发现，晚上的花香会更加浓郁。忍冬主要靠蛾子完成授粉，天黑之后，它们散发出的香味能够吸引一些昼伏夜出的"客人"。

臭气熏天的大家伙

世界上最大的花是大王花，它们生长在东南亚的热带雨林中。大王花的直径可达80厘米，它们散发出的腐肉气味，可以吸引苍蝇前来。

和蝴蝶、熊蜂一样，蛾子也有很长的口器，它们的口器能伸到忍冬管状的花里面。

月见草的气味很浓，花瓣的颜色却比较淡，能够吸引蛾子前来帮助它们授粉。

夜班开花

很多花选择在白天开放，到了晚上，花冠就会合上。然而，月见草的花刚好相反。黄昏降临，它们才会开放，散发出的独特气味能够吸引蛾子。

随风飘散

　　并非所有的花都通过动物授粉。事实上，有些花是通过风授粉的，人们称之为风媒花。这种花的花粉散播在空中，风会将微小的花粉粒吹到很远的地方，传播范围非常广。有些花粉会落在地上，有些花粉会被吹进人们的眼睛和鼻子里，不过仍有足够的花粉能落在其他的花上。

莫要靠近

　　荨麻长着刺毛，它们的花也靠风授粉。荨麻将花粉散播到空中的方法非常特殊，当花粉粒成熟的时候，花就会发生一次小规模的"爆炸"，将花粉发射到空中。

泛舟水上漂

　　少数植物将水作为媒介传播花粉。左图所示的植物名叫加拿大伊乐藻，我们在鱼缸中可以看到它们。加拿大伊乐藻的花长在长长的花梗顶端，从水下伸出，开在水面上。雄花将花粉撒在水面上，花粉粒会随着水流漂来漂去，直到遇到一朵雌花完成授粉。这种通过水授粉的植物，叫作水媒植物。

静悄悄地开

地球上长草的地方很多，让人意想不到的是，草其实也会开花，但它们的花通常很小，不引人注目。这些花的外面通常包裹着绿色的鳞叶，不仔细看的话很难发现。和所有的风媒花一样，草也不需要鲜艳的花瓣来吸引昆虫。它们的花呈簇状，长在高高的花序梗的顶端。下次出门仔细观察，看看当你蹭到草时，它们有没有喷出一团一团的花粉。

花粉热的发病期主要集中在春天和夏初，因为在这段时间，会有大量花粉飘散到空气中。

有芒的小麦

大麦

梯牧草也叫猫尾草，它们会将花粉飘散到空中，借助风完成传粉。

野生燕麦

车前草顶端有一根长长的花序轴，上面长着许多小花。

种子的故事

种子的形状千奇百怪，大小不一。有些植物的种子大如足球，有些植物的种子小到一个火柴盒就能装进几百万颗。植物的种子也是人类食物的重要来源，如大豆、玉米等。种子成熟后就会离开母本植物，独立开始生活。有些种子会直接掉进母本植物附近的土里，更多的时候，它们会去往更远、更广阔的世界。

不结种子也能长小苗

有些植物不会一直产生种子，驮子草的幼苗是从母本植株的叶片上长出来的。母本植物的茎和叶柄的相连处会长出小苗，当它们垂下来接触到地面时，幼苗就会在土里生根。这种繁殖方式叫作营养繁殖。

蒲公英的花

会飞的种子

如果你用力吹蒲公英的种子，它们就会飞起来，飘向远方。每个蒲公英的种子都长着一个小小的由冠毛组成的"降落伞"，这能使它们飘浮在空中。也正是因为有了冠毛，风才能将种子吹到很远的地方，让它们落在一片新的土地上生根发芽。

火焰爱好者

　　班克木也叫佛塔树，它们生长在澳大利亚气候干燥地区的灌木丛中。班克木大约有170种，它们木质化的果实非常坚硬。大部分种类的班克木果实成熟后，一直保持紧闭状态，直到大火烧过灌木丛，火焰熄灭后，果实打开，里面的种子才会掉出来。

已经结出
果实的头
状花序

在种子形成的过程中，花就会功成身退，枯萎凋谢。

包含种子的
坚硬果实

小心处理

　　蓖（bì）麻的种子里含有剧毒物质——蓖麻毒蛋白，这种物质能致人死亡。不过，经过处理之后，蓖麻的种子可以产生一种宝贵的油脂，具有很高的药用价值。

蓖麻的种子
长在有刺的
果实中。

蓖麻的种子

牛蒡的头状花序已
经长出了果实。

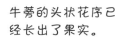

搭便车

　　当你在乡间或野外散步时，衣服上往往会粘上许多种子。牛蒡（bàng）的种子会挂在过往的人或动物的身上，搭一段便车，它们就是通过这种方式传播种子的。

多汁的果实

你有没有好奇过，为什么有的植物会将种子藏在汁水丰富的果实里呢？因为这能够帮助它们把种子传播出去。当一只小鸟吃掉莓子时，它会将果子连同里面的种子全部吞下。种子虽然从它的消化道中游历了一番，却完好无损，然后随着鸟的粪便被排出体外。种子会落在地上生根发芽，它们新生活开始的地方往往距离自己的"家乡"非常遥远。

草莓的身世

草莓原产于南美洲，野生草莓的个头儿很小，相信你一口就能吃下好几个。人们将不同种类的野生草莓进行杂交，并不断地挑选出果实最大、味道最甜的品种进行种植，最终培育出了许多既好看又好吃的园艺草莓品种。

草莓的花

还没有熟的草莓

草莓的种子也就是草莓籽，长在果实的表面。

通常情况下，鲜艳的红色是果实成熟的标志。

草莓种子的种皮很坚硬。

"果"如其名

人类种植苹果树的历史非常悠久，并且已经培育出了许多不同的品种。每个品种的苹果都有属于自己的名字，下图所示的是蛇果。

种子

苹果的种子周围有一层厚实且多汁的果肉。

苹果花

苹果花完成授粉后，会长出种子。与此同时，花基部种子周围的部分也会发育成长，形成果实，也就是苹果。

无花果的秘密

不管怎样努力寻找，你都不可能在无花果树上找到开放的花。因为无花果的果实是由隐头花序发育而来的，花序轴肉质膨大，向下凹陷成中空的球体，凹陷的内壁上长着无数朵小花。

花和种子都藏在无花果的内部。

无花果属于虫媒花，帮它们传粉的是一类非常小的雌蜂。雌蜂从花序顶端的小洞钻进去，将生长在上面的雄花的花粉带到下面的雌花上，这样就帮助无花果完成了授粉。

番茄、黄瓜和长满豌豆的豆荚之间有什么共同点呢？你可能会想，它们都是蔬菜，但严格来讲，它们应该算是水果，因为它们都是内含种子的果实。

鳞茎的花

　　下次看到有人在切洋葱，你可以凑过去看看，虽然这样做可能会让你泪流满面，但你会发现，洋葱有很多层鳞状的叶片，它们紧紧地包在一起。洋葱是植物的鳞茎，黄水仙和郁金香也有鳞茎。鳞茎的每一层鳞状叶片都能储存很多营养物质，当植物开始生长的时候，这些营养物质就派上用场了。

当你在春天外出游玩时，可以猜一猜，哪些花是从鳞茎里长出来的。

郁金香的花瓣上有弯曲的褶皱，看上去就像鹦鹉的羽毛。

好花配王子

　　野生的郁金香原产于气候炎热的国家，如土耳其。几百年前，土耳其王子在他的宫殿周围种植郁金香。现在，形形色色的郁金香遍布世界各地。

黄水仙

水仙

贝母

风信子

番红花

观察鳞茎的生长

你可以把风信子的鳞茎放在瓶颈细小的花瓶上，让它卡在瓶口。把瓶子装满水，直到鳞茎的底部刚好可以接触到水面。很快，鳞茎就会长出根和叶子，再过一段时间它就会开花。当花凋谢后，将鳞茎埋进土里，这样就能储存更多的营养，第二年可以继续开花。

风信子的鳞茎中含有丰富的营养物质。

南美"花魁"

朱顶红原产于南美洲的山林，但现在人们已经不用再探访高山密林，去欣赏它们硕大的花朵了，因为朱顶红已经被培育成了观赏植物，在寻常人家的窗台上就能开得非常好。

硕大的花朵很像喇叭。

切开后，你可以看到鳞茎里非常紧密。

根

朱顶红的花茎虽然看上去很粗，但里面其实是空心的。花茎将花朵高高顶起，让它们盛开在叶片的上方，每一根花茎上都可以开3~6朵花。

诞生之初

　　尽管植物的种子看上去干巴巴的，毫无生命力，但是每颗种子的内部都有活细胞，它们默默地等待分裂和生长的机会。种子等待的时间可能很长，从几周、几个月到几年不等。一旦环境的湿度和温度都很适宜，种子里的细胞就开始分裂，一株新的植物就会马上登场。这个过程就叫作发芽。

种皮脱落后，两片圆圆的子叶就露出来了。

第一步

　　大多数种子发芽的第一步都是长出根，这样它们就能从土壤中吸收水分，向日葵也不例外。然后，种子的另一端就会长出茎，随着茎越长越长，它们便将种子坚硬的种皮顶出地面。最后，种皮会裂开脱落。

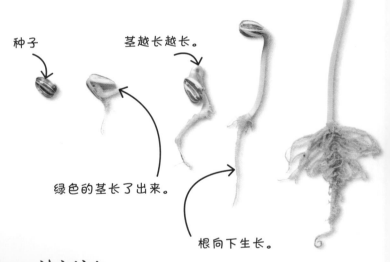

种子

茎越长越长。

绿色的茎长了出来。

根向下生长。

油汪汪

　　一颗向日葵的种子，大约三分之一的质量都是油脂。人们用葵花籽来榨油，你可能在厨房里见过葵花籽油，这种油往往用来炒菜，以及制作人造黄油。

鸟类的美餐

　　向日葵有许多种类，其中大部分是一年生植物。也就是说，它们会在一年内经历发芽、开花和死亡等全部过程。虽然向日葵的寿命只有短短几个月，但是它们能长得非常大。如果你也种植向日葵的话，不要在它们开完花之后立刻砍掉花盘。你可以将花盘留下，吸引鸟儿前来啄食向日葵的种子。

向日葵的花盘是朝向太阳的，所以得名向日葵。

有一种向日葵我们通常称之为巨人向日葵，它们能长到3米多高。

如果你种的是巨人向日葵，那么它们长大后会比你还高！

美好的开始

　　一株植物能产生数百颗，甚至数千颗种子，种子有一个重要的结构叫作子叶，能够直接为种子的胚提供营养。一些被子植物的种子有一片子叶，叫作单子叶植物；而另一些被子植物的种子则有两片子叶，叫作双子叶植物。双子叶植物通常没有胚乳，营养物质储存在肉质肥厚的子叶中，而单子叶植物往往有用来储存营养物质的胚乳，但是胚乳中的营养需要通过子叶输送给胚。

向前冲

　　种植荷包豆非常有意思，因为它们发芽时具有很强的生长优势。荷包豆的种子长得胖乎乎的，两片特殊的子叶中储存了大量的营养物质。有些植物种子的子叶会破土而出，如向日葵。不过，荷包豆的子叶一直埋在地下。

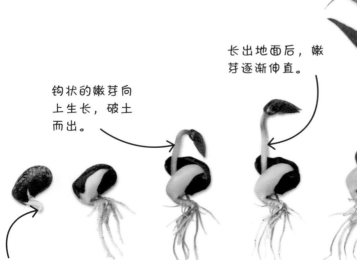

第二对叶片伸展开来。

幼苗的茎越长越长。

第一对叶片长大了。

长出地面后，嫩芽逐渐伸直。

钩状的嫩芽向上生长，破土而出。

幼苗展开了第一对叶片。

子叶中的营养耗尽后便萎缩了。

根从种皮的裂缝中长出来。

了不起的豆子

植物发芽的时候，往往会向着光生长。如果你用鞋盒做个简单的"迷宫"，并在里面种植豆子的话，就能清楚地观察到这个现象。你所需要的工具和材料包括：豆子、花盆、土、胶带、鞋盒、硬纸板，以及剪刀。

使用剪刀的时候千万要小心，必要时一定要找大人帮忙。

1.在鞋盒的一端剪开一个小窗，然后将硬纸板固定在鞋盒的两侧，作为两个隔板。为了让向光生长的现象更明显，两个隔板的宽度应至少超过鞋盒宽度的一半。以鞋盒另一端为底，将鞋盒立起来。

2.接下来，将豆子种在花盆里，然后把花盆放进鞋盒并将鞋盒的盖子盖紧。当豆子发芽后，植物能在"迷宫"中摸索一条出路，从小窗里长出来。不要忘了给它浇水哟！

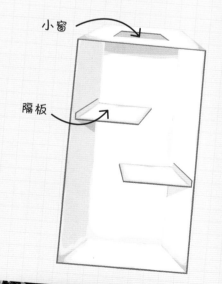

小窗

隔板

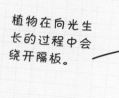
植物在向光生长的过程中会绕开隔板。

播种的时候，要把豆子埋在花盆的中央。

园艺花卉

不知道你有没有注意到，有些园艺花卉和它们对应的野生品种很像，只不过花朵更大、颜色更艳丽。它们之所以长得相似，是因为所有的园艺植物最初都是从野生植物培育而来的。因此，它们具有一些共同的特征。园艺师代替大自然，挑选出具有某些突出特征的品种持续繁育，从而使得它们的"容貌"略有不同。

精彩纷呈

和很多园艺植物一样，图中所示的这些多花报春也是杂交品种。也就是说，它们的野生祖先并不是多花报春，而是截然不同的植物。普通报春花只是多花报春的远亲之一。

如果你有机会到森林里玩耍的话，可以留意一下生长在郁郁葱葱的灌木丛中的普通报春花。

大花三色堇

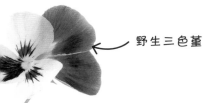
野生三色堇

绽放美丽

人类种植玫瑰的历史长达数千年，大多数园艺玫瑰的花都比它们的野生亲戚要大很多。园艺玫瑰的花期长达数月，而野生玫瑰的花期只有几周。

园艺玫瑰往往有许多花瓣，叫作重瓣。

野生玫瑰只有5片花瓣。

有头有脸的花

三色堇也叫猫脸花，如果仔细观察你就会发现，这张"脸"其实是由5片花瓣组成的。大花三色堇的花瓣比野生三色堇的更大一些，彼此重叠。

长寿的植物

右图所示为园艺品种的老鹳草，当它们的果实成熟时，花瓣会从基部向上反卷开裂，形状就像鹤的喙一样，因而得此名。老鹳草的叶片很大，根系发达。秋天时，它们的叶片会枯萎死去，但是根系能一直存活，度过整个严冬。到了来年春天，新的叶片会萌发、生长，老鹳草也会再次开花。

一朵老鹳草的花只产生5颗种子。

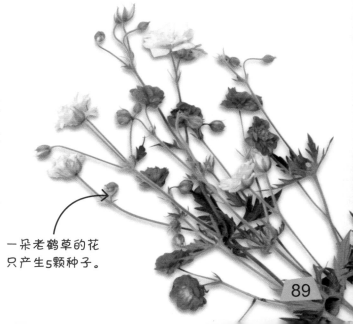

留住风采

大多数花的花期只有几天，有些花甚至只能开一个清晨。通过把花压制成标本，使花瓣或整朵花彻底干燥，就能让它们的风采保持得更久。压制处理能让花保持它的形状和轮廓，甚至保留下它的一丝气味。将整株植物一起压制成标本，能够将植物的形态特征长久地保留下来，这对植物分类来说意义重大。

压制花朵

将一本书打开，在上面铺一张很厚的吸水纸。把花伸展平铺在吸水纸上，再拿一张吸水纸盖在上面，将书合上。接下来，找一些很沉的书压在上面。等待至少一周后，小心地将吸水纸剥离下来，你就能好好欣赏做好的花朵标本了。

对于三色堇这种花瓣小而薄的花来说，压制的效果最佳。

人们通常会在特殊的场合用花来表达感情。在夏威夷，当地人会把花做成花环，用来欢迎客人。

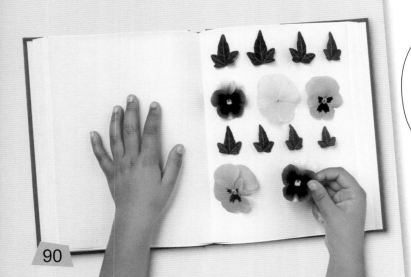

制作百花香

这些五颜六色的东西就是百花香，它们是用各种带有香味的干燥小花和花瓣做成的。要制作百花香，你需要用到一个大托盘和一些花。

1.趁天气温暖干燥的时候把花采回来。对于花冠比较小的花，可以将它们整朵采下来；对于比较大的花，则要将花瓣一片一片地摘下来。

2.将花朵和花瓣铺在托盘上，让它们分散开来，不要彼此重叠。

3.每天都将花瓣翻一翻，以便它们能够均匀地干燥。当你翻动花瓣，听到它们发出"沙沙"的声音时，就表示这些花已经干透了。干燥的过程一般至少需要一周的时间。

4.把彻底干燥的花瓣装起来制成百花香，这样就能让房间充满香气了。

林中之花

因为森林中的树木长得非常茂密，所以森林中的光线会很昏暗。不过，当叶片落光的时候，森林中的植物就能获得足够的光线用于生长、开花。这些植物一般在春天开花，并且会在枝头再次布满绿叶前，抓紧时间让花朵完成自己的使命，结出果实和种子，繁殖下一代。

花序轴顶部的花蕾最后开放。

每朵花的花瓣上都有醒目的图案，这能将熊蜂吸引过来。

慢慢爬上来

毛地黄生长在森林中的空地上，它们的花序轴很长，而且能沿着茎不断向上生长。毛地黄能开几十朵花，如果你留心观察，就有可能看到熊蜂在花朵里爬来爬去。

芬芳的花

铃兰又名山谷百合，它们开的钟形花非常娇小，花朵是向下垂的，能散发出浓郁的香气。在野外，铃兰生长在干燥的树林里。

野蒜菜

春天，森林里会长出一片一片的野蒜菜，它们能散发出强烈的大蒜味。野蒜菜的整株植物都能食用，不过人们很容易把它们和有毒的铃兰、秋水仙等植物混淆。

野蒜菜的花是星形的，每朵花有6片花瓣。

野蒜菜的花梗上没有叶片。

小叶

有开有合

酢（cù）浆草生长在森林中或背阴的河岸上，它们的叶片分为三部分，叫作小叶，所以酢浆草也叫三叶草。晚上，这些小叶会合起来，看上去有点儿像收起的雨伞。

春天的花

蓝铃花是百合科植物，花朵在仲春时节开放，而周围的树木这时才刚开始冒出新芽。

热带的花

世界上有很多地方的冬天都非常寒冷，那里的植物到了冬季便会停止生长。不过在热带地区，尤其是气候潮湿的区域，植物一年四季都能生长开花。比如，大部分兰花、棕榈都生长在热带和亚热带地区。然而，要想看到这类植物的花，你不需要专门跑到热带地区，因为即使在温度不太高的地方，它们也能通过室内培育生长出来。

濒危的兰花

虽然世界各地都有兰花，但是最大、最摄人心魄的兰花生长在热带。由于人类大量采摘、贩卖，有些种类的兰花已经变得非常稀有了。

昆虫会落在花的肉穗花序上为花授粉。

鲜红色的佛焰苞能够吸引昆虫。

兜兰也叫拖鞋兰，因唇瓣呈口袋形而得名，它们主要分布在温暖的东南亚地区。

花烛属植物

野生的花烛属植物生长在南美洲的森林里，不过它们现在已经成为风靡世界的室内观赏植物了。它们最典型的特征是，有着明显的蜡烛状的肉穗花序和鲜艳的佛焰苞，其中最常见的一种就是红掌。回忆一下，你见过多少种色彩缤纷的花烛属植物？

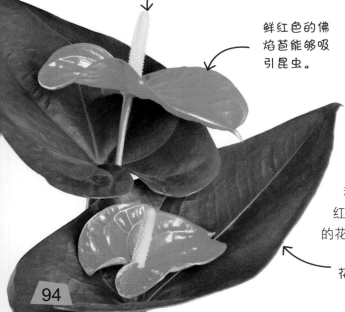

花烛的叶片非常有光泽，四季常青。

西番莲

　　西番莲属植物能够沿着其他植物攀缘生长，它们可以用卷须将自己吊在半空中。每朵花的花期虽然只有一天，却能引来蜜蜂和蜂鸟常来到访。花凋谢后会长出美味的果实，叫作热情果。

植物叠罗汉

　　在热带森林中，兰花一般都长在地面上。不过，也有很多兰花喜欢"攀高枝"，生长在树枝或树干上，它们不会像寄生虫一样对树木造成伤害。生长在高处对植物来说是一件好事儿，因为它们可以获得更多的阳光。

兰花也可以养在室内，作为观赏型盆栽。

草里的花

在过去，开阔的草地上往往长满了野花。这些野花生命力非常旺盛，会与农作物争夺土壤中的养分。因此，自从人类发明了拖拉机和除草剂以后，很多野花要么被连根拔起，要么被杀死。不过，有些生长在特殊地方的野花仍然侥幸存活。你可以在老旧的农场、马路或农田的边缘，陡峭的河岸或山坡上看到它们。

晃动的铃铛

圆叶风铃草是多年生草本植物，浅紫色的花看上去就像随风晃动的小铃铛。圆叶风铃草原产于英国，它们可以在土壤贫瘠的劣质草场上生长得非常好。

圆叶风铃草的花长在又细又长的茎上。

坚守阵地

蓍（shī）是一种生命力极强的草本植物，它们被割草机割过后，依然能够活下来。即便在没人管理的路边，它们也能顽强地肆意生长。古时候，人们用蓍来止血。

黏人的种子

穿过一片龙芽草刚刚开完花的田野，你很有可能就成了龙芽草传播种子的小帮手。龙芽草的果实上长了很多钩刺，当你蹭到它们的时候，果实连同里面的种子就会挂在你的衣服上，随你"流浪"。

原来，北美洲的草原上长满了各种各样的野花。但一部分草原被人类开垦成农场后，很多野花就彻底灭绝了。

龙芽草的花生长在一根很长的花序轴上。

"尖尖"的花

紫锥花是菊科植物，最外圈的舌状花花瓣微微向下反折，让花看起来呈尖尖的形状，因而得此名。紫锥花通常长在花园里，在夏末的时候，你可以留心找找这些花。

水边的花

许多湖泊、溪流的岸边都有一片湿软的丛林，里面密密麻麻地长着许多植物。水生植物和湿地植物对于生长环境十分挑剔，有些植物喜欢生长在微微发潮又不太湿的土地上；有些植物喜欢生长在水中，根扎进水底；还有少数植物喜欢漂在水面上，根却拖在水里，它们叫作漂浮植物。水生植物为了保证植株的水下部分能够获得充足的氧气，往往有发达的通气组织，最典型的就是莲的地下茎，也就是藕，内部有很多通气道。

河岸上的植物

如果你仔细观察就能发现，河岸上的不同位置生长着不同的植物。需要注意的是，到水边观察的时候，一定要有大人陪伴在身边。

沟酸浆

在河流的岸边你能找到沟酸浆的花，由于花的形状像狗狗的脸，因此也叫狗面花。到了夏末时节，你能看到它们开出黄色的花。

香蒲是水生植物，它们的穗状花序看上去很像香肠。

旋果蚊子草的花呈乳白色，香气浓郁。除了花以外，它们的茎和叶也能散发出同样的香味。河岸上往往生长有成片的旋果蚊子草。

大麻叶泽兰生长在潮湿的土壤中，它们的花很小，呈管状，密集地排列成一簇。

水宝宝

　　有些植物在浅水域中生长、开花，它们生长的地方远离干燥的陆地。小溪里常常有毛茛（gèn），这种植物的茎很长，会随着水流而漂荡。在湖面或者池塘上，你能够看到睡莲巨大的花和叶片。

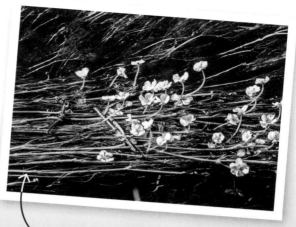

水下的叶片非常细小，呈羽毛状。

有些睡莲科植物的花会漂浮在水面上，还有一些花梗很长，可以将花托到距离水面很高的地方。

睡莲的花很大，花瓣较厚。

山间的花

　　想象一下，你正站在迎风的山坡上，周围没有任何遮挡，为了免受大风的摧残，你只能蹲下身子。其实，许多长在山地的植物也是这样的，它们不会长得特别高大，往往很像坐垫或毯子，短短的茎紧密地排列在一起。这样的形态不仅能够防止它们被风吹坏，还能帮助它们在寒冷的空气中保暖。除此之外，高山植物往往有粗壮、深长而柔韧的根系，能够从石缝和粗质的土壤中吸收水分和营养。

杜鹃

　　杜鹃花与一种叫杜鹃的鸟同名。相传，杜鹃鸟日夜哀鸣而啼血，染红了遍山的花朵，这些被染红的花朵就叫作杜鹃花。杜鹃生长在山谷中，为常绿灌木。

杜鹃花每年春末时开放，它们的花长得很特别，花冠呈漏斗状。

杜鹃花有较厚的革质叶片，表面富有光泽。

虎耳草能在布满石块、几乎没有土壤的石壁上生长，因此它们也叫石荷叶。

南方山地天蓝绣球通常生长在海拔较低的小山坡上。生长在低处的天蓝绣球，要比高处的天蓝绣球长得高。

蜜蜂的食物

灰欧石楠的花呈吊钟形，它们在夏末时节开放。这些花每年都能产出大量花蜜，可以为饥肠辘辘的蜜蜂提供充足的食物。灰欧石楠的叶片非常小，可以禁得起狂风肆虐。

雪绒花也叫高山火绒草，花上长了很多茸毛。这些茸毛像毛衣一样，能够保护花朵免遭烈日暴晒和狂风摧残。

半日花

半日花也叫岩玫瑰，有些生长在满是岩石的山腰上，有些生长在草地间，但它们有一个共同点，那就是所有半日花的花瓣都非常薄。

在欧洲的阿尔卑斯山上，可以找到龙胆属植物的身影，甚至有的能在终年积雪的高山上存活。

海边的花

生长在海边的植物不仅要应对刺眼的阳光、强劲的海风，还得适应海水中的盐分。为了在这样的环境中生存，大多数植物都长出了粗壮的茎、强韧的叶片和很小的花。有些植物只生长在全是石块的海滩上，而有些植物生长在沙滩或者布满淤泥的滩涂上。

棘刺防身

滨海刺芹也叫海东青，它们生长在铺满鹅卵石的河岸或沙丘的边缘。它们的叶片和花都是蓝色的，上面长着坚硬而锋利的刺，这些刺具有保护功能。野兔和一些其他动物会在海滨觅食，但它们从来不碰浑身长刺的滨海刺芹。

滨海刺芹坚硬的叶片边缘呈刺状。

节约水分

　　滨海绢蒿生长在满是淤泥的海岸上，它们的叶片上覆盖着一层茸毛，可以防止水分过度蒸发导致植株因缺水而死亡。如果你看到了滨海绢蒿，可以闻一闻它们浓重的气味，这种植物可是制作驱蛔虫药的重要原料，所以它们又叫驱蛔蒿。

攀岩高手

　　海茴香生长在陡峭的悬崖上，这种植物的叶片质地肥厚，形如子弹，其中可以储存很多水分，有时候人们会把它们作为蔬菜来食用。

长在鹅卵石上

　　对于植物来说，卵石滩并不是适宜生存的地方，这里既没有土壤，也缺少淡水。然而，海滨山黧（lí）豆的根系十分发达，能够深深地扎到鹅卵石底下。

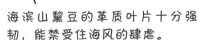

海滨山黧豆的革质叶片十分强韧，能禁受住海风的肆虐。

泥地皇后

　　能在盐度很高的泥地里生存的植物为数不多。在盐碱滩上，你或许能找到欧洲补血草的身影。欧洲补血草在夏末开花，如果你摘下一朵花并进行干燥处理，就可以让它们长久保持艳丽的色彩。

沙漠中的花

如果长时间不给盆栽植物浇水的话，它们可能会干枯而死。不过，有些植物却能在没有一滴水的情况下存活数月。这些植物生长在沙漠里，也就是世界上最干旱的地方，它们当中有很多种类能够开出令人惊艳的花。在与恶劣的环境抗争时，它们都有自己独创的小妙招。

危险，不要碰

在北美洲和南美洲的沙漠中，生长着许多浑身长刺的仙人掌。大多数仙人掌都有粗壮的茎，但没有正常的叶片。实际上，那些刺就是仙人掌退化的叶片，这样能减少水分蒸发，为植物保存珍贵的水资源。仙人掌的茎中贮存了大量水分，这能帮助它们度过漫长的旱季。

仙人掌会在春天和夏天开出星形的花。

腐败的气味

大豹皮花生长在非洲干旱的地区，它们的肉质茎十分结实，能够储存水分。这种植物的"香味"十分独特，闻起来有一股腐肉味儿，这能够吸引食肉蝇类前来为它们授粉。

内陆中的花

斯特尔特沙漠豌豆是以第一个到达澳大利亚内陆的欧洲探险家——斯特尔特的名字来命名的。这种植物能在沙地上成片生长，形成低矮的灌木丛，它们的花瓣很像动物的爪子。叶片有革质的表层，能够防止水分流失。

自制迷你沙漠

如果你家有一个旧的水族箱，可以试着做一个迷你沙漠。你需要准备的材料包括：沙土、石块、枯树枝和厚手套。

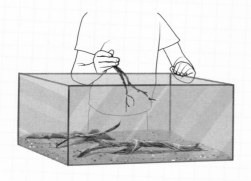

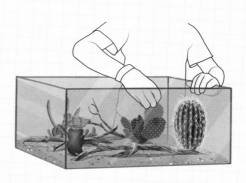

1. 往水族箱中倒入沙土，然后在沙土的表面放上石块和枯树枝作为装饰。

2. 戴上厚手套，在沙土里种一些仙人掌。

3. 做好后，把迷你沙漠放在阳光充足的地方。在夏季，只有看到沙土都干透了才可以浇水。在冬、春两季，浇水的频率要更低一些。

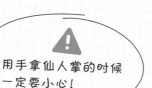

用手拿仙人掌的时候一定要小心！

昆虫
与蜘蛛
Insects and Spiders

观察昆虫

许多昆虫的体形非常小，人们难以看清楚它们的细节，因此很多人觉得昆虫不好玩儿。然而事实上，借助一些工具和方法，我们可以深入地了解它们一些有趣的生活和行为等。你知道得越多，就会越觉得昆虫是如此令人着迷。在树叶和花朵上、在石头附近、在倒伏的树木底下，以及在土壤里，找找看都有哪些昆虫吧！

⚠ 在太阳底下使用放大镜时一定要注意安全，聚光点的温度极高，小心引发火灾。

用铅笔记录下你的所见所闻，即使淋雨，也不怕你的画被冲掉。

选择有硬质封皮的记事本。

放大镜

使用放大镜观察昆虫，可以看清更多的细节。但是一定要小心，不要将阳光聚焦到昆虫的身上，以免误伤它们。

给虫子画一张像

把你看到的虫子画下来，并在旁边备注上虫子的特征，如翅膀或腿部有什么与众不同之处。记录下虫子的大小、颜色和它们生活的地方。你可以回家后再进一步完善细节，只要多加练习，就会画得越来越逼真。

六星虎甲全身呈金属绿色，其间点缀着几个白斑，很容易分辨。

虫虫乐园

　　动手做一个虫虫乐园，为偶然造访你家的虫子们提供居所和庇护。你可以取一个空花盆，里面装上干草等天然材料，就像大自然中的草丛、落叶堆一样，它们喜欢这样的地方；也可以把这些花盆摆成一排，或者堆叠在一起，做成多层的昆虫旅馆。

用薰衣草干花和风干的麦穗，就可以制作一个可爱的虫虫乐园。用这些材料装满花盆后，把花盆侧躺着放置就行了。

把硬纸板和干草卷在一起，也可以为虫子们提供一个理想的庇护所。把这些东西装在花盆里，然后同样侧躺着放置。

收集一些小树枝和干枯的落叶，把它们装填在花盆里。那些不会飞的小爬虫会大爱这个乐园。

蜂类喜欢住在小洞里，短竹棍是个不错的选择。可以找大人帮忙，把竹棍切割成适合插在花盆里的长度。

储物罐

　　如果想要近距离观察被虫虫乐园吸引来的虫子们，可以用一个盖子上有孔的储物罐当它们的临时住所。完成观察后，要尽快把虫子放归到大自然。

用笔刷来转移或托起体形较小的虫子，以免弄伤它们。

109

什么是昆虫？

人类已知的昆虫超过100万种，"3+3"是它们共同的特征。也就是说，典型的昆虫成虫，身体分为3部分：头部、胸部和腹部，胸部还长有3对足，这个特征是区分昆虫和其他节肢动物的重要依据。许多昆虫的胸部还长有翅膀，头上长着用于感知的触角。

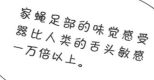

蝴蝶

人见人爱的蝴蝶长着图案精美的大翅膀，它们有一对触角，具有触觉和嗅觉功能。

蝴蝶有4片大大的翅膀。

瓢虫

这些有硬壳的小生物是一类鞘翅目的甲虫。在它们坚硬的外壳下，有两片膜质的翅膀，可以在需要的时候，帮助它们飞起来。

家蝇

和大多数昆虫一样，家蝇也有翅膀和触角。它们有两只复眼，每只复眼由数千个呈六边形的小眼组成。

家蝇足部的味觉感受器比人类的舌头敏感一万倍以上。

翅膀附着在胸部，每秒钟大约可以拍打200次，振翅时会发出"嗡嗡嗡"的声音。

头部有小小的触角。

家蝇用足部来感受味道。

昆虫高清特写

用这只胡蜂当模特，来展示昆虫的主要部分吧！它有4片翅膀，大多数昆虫都是如此，当然也有一些昆虫只有两片翅膀。同一侧的前翅和后翅，通过小钩子连接在一起，扇动起来就像是一整片。胡蜂有黄黑相间的条纹，用来警告其他动物：我可是带着毒刺的！

触角

头部有两个大大的复眼，以及触角和口器。

腿的末端有很小的爪子，可以紧紧地抓住树枝。

昆虫的腿有关节，快爬、慢走和飞行的时候，关节都可以弯曲。

中间的体节是胸节，外面长有翅膀和腿，里面则有强大的肌肉，用于牵引翅膀和腿。

这种管状结构叫翅脉，可以支撑薄而透明的翅膀。

最后部的体节是腹节，里面是用来处理食物的消化器官和用来繁殖后代的生殖器官。

⚠ 胡蜂有攻击性很强的螫针，千万不要惹恼它们！

蜘蛛是昆虫吗？

　　记住，蜘蛛不是昆虫。蜘蛛有4对足，而不是3对足。蜘蛛的身体只分为两个部分：前面的体节结合了头部和胸部，后面则是腹部。这些特征都与昆虫"3+3"的特征不相符，所以说蜘蛛不是昆虫。蜘蛛和蝎子、蜱（pí）虫、螨虫是近亲，属于蛛形纲。蛛形纲、昆虫纲和虾蟹等，都属于节肢动物。

大多数蜘蛛有8只眼睛，每只眼睛都是单眼。

蜘蛛有8条腿，身体每侧各4条，蜘蛛的腿也有关节。

腿上的刚毛就像是它的耳朵，可以捕捉空气中传来的细微动静。

头部和胸部结合在一起。

蜘蛛的骨骼和昆虫的一样，都是外骨骼。

腹部长有用来产蛛丝的丝腺和纺丝器。

蜘蛛吐丝

很多昆虫都不会吐丝，相反，蜘蛛几乎都能够吐丝，它们用丝来制作卵囊，保护后代。很多种类的蜘蛛还会用丝来编织有黏性的蛛网，用于捕食。它们还会通过吐丝把捕获的昆虫缠裹在其中，然后慢条斯理地享用美食。

仿制蛛网

你需要准备的材料和工具包括：长约4米的扁平状松紧带、螺丝垫圈（或钥匙圈）、用彩色纸包住的约50平方厘米的木板、图钉、橡皮筋、剪刀。

1.将松紧带穿过螺丝垫圈（或钥匙圈），并用图钉固定在木板上。

2.重复第一步，用图钉固定松紧带，制作第二对辐条。

3.不断重复上述动作，直到做好全部12根辐条，这便是蛛网的骨架。

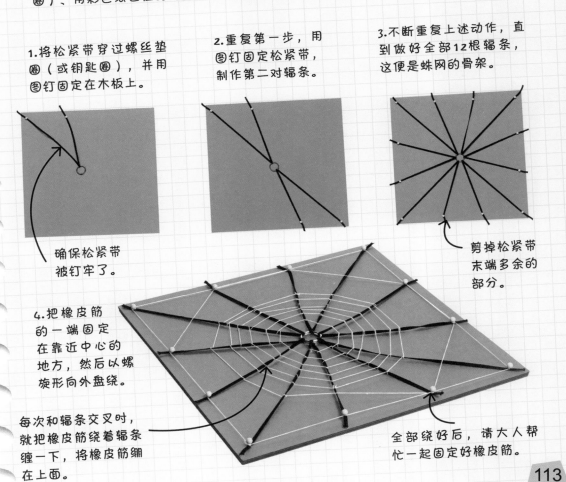

确保松紧带被钉牢了。

剪掉松紧带末端多余的部分。

4.把橡皮筋的一端固定在靠近中心的地方，然后以螺旋形向外盘绕。

每次和辐条交叉时，就把橡皮筋绕着辐条缠一下，将橡皮筋绷在上面。

全部绕好后，请大人帮忙一起固定好橡皮筋。

长腿跳一跳

绝大多数昆虫的成虫，都能用6条腿敏捷、轻巧地爬行。在我们看来，虫子的爬行速度可能不算快，那是因为它们实在是太小了。然而事实上，如果蚂蚁的体形和人类一样大，那么它们的速度可是奥运会短跑选手速度的5倍。如果有和人类体形差不多大的跳蚤，那么它们能一下子就跳40层楼那么高。

腿关节

和其他昆虫一样，螽（zhōng）斯也有6条腿，每条腿上也有几处关节，两个关节之间则是不能弯曲的坚硬的腿节。在螽斯前足的胫节基部，长着它们的"耳朵"———一种鼓膜听器，用于接收其他螽斯发出的声音信号。

螽斯的听觉感受器位于前足的胫节基部。

这只树螽正在观察周围的环境，它打算伺机跳出去。

看清楚再跳

后足格外长的昆虫，通常都擅长跳跃，如蟋蟀、蝗虫、跳蚤等。蟋蟀准备起跳前，会先弯折后足，同时瞄准方向和落点，再猛地伸直后足将自己弹射出去。

起跳之前，树螽还会确保自己站在稳固、结实的树枝上，方便自己能够发力起跳。

跳向空中

昆虫腿的工作原理就像杠杆，由肌肉牵引。树螽跳跃时，强有力的肌肉会将"髋关节"和"膝关节"拉直，让腿突然伸直，然后一下子把自己弹射到空中。人在跳远、投掷时，腿和手臂也是这样工作的，先弯曲、再伸直。

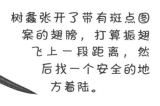

树螽张开了带有斑点图案的翅膀，打算振翅飞上一段距离，然后找一个安全的地方着陆。

"髋关节"

"膝关节"

很多直翅目昆虫的腿上都长有刺，防御时可以进行有力的踢击。

刺

鸣唱的虫

直翅目昆虫能通过摩擦发出声音，发音器官叫作音锉（cuò）和刮器。音锉是一排坚硬的细微突起，就像梳齿一样。当刮器刮擦音锉时，就会引起后者振动，从而发出声音。蝗虫的音锉和刮器分别长在前翅和腿上，它们发声是为了吸引雌性，以及警告竞争对手。

挖掘专家

蝼蛄的前足非常有力，能让自己在泥土中前行。它们的前足虽然短，但是宽阔粗壮，就像铲子一样，非常适于挖开泥土。因此，蝼蛄极擅长在土中挖掘。

轻功水上漂

由于存在表面张力，因此空气和水相接触的地方，即水面是有一定弹性和支撑力的。昆虫的体形很小，表面张力足以将它们托起。有些昆虫能在水面上休息或跑动，有些在水中生活的昆虫甚至能利用表面张力将自己倒挂在水面上，把呼吸管伸到空气中。

划蝽

在池塘的水面上仔细找找，看有没有划蝽（chūn）的身影，它们长着桨一般的长腿。有些划蝽的姿态非常特别，仰面朝天地躺在水上，因此叫作仰蝽。它们以捕食小鱼、蝌蚪和小虫为生。被它们咬到可是很疼的，千万别去碰它们！

水黾

那种在水面上一蹿一蹿地轻巧且迅速掠过的虫子，很有可能是水黾（mǐn）。它们的前足用于捕食，可以探测到不小心掉到水里的小虫挣扎时带起的涟漪；中足很长，用于划水；脚底下有疏水性的毛，可以让落脚处的水面形成小凹坑。

水黾的后足起到调节方向的作用。

鼓甲有上、下两对复眼，可以同时观察水面上和水面下的情形。

鼓甲

水面上又小又黑，成群结队地以快速回旋的方式游泳的动物，就是鼓（chǐ）甲了。它们以掉落到水面的碎屑、小虫等为食。

制作昆虫水族缸

1.用玻璃鱼缸来做昆虫水族缸是最好的选择,如果没有玻璃鱼缸的话,用一个大碗也行。把沙砾(lì)和小石子平铺在底部,再倒上从池塘、溪流等处取来的水,收集的雨水也可以。但是,不能用自来水,因为自来水中含有氯,这对昆虫来说是有害的。倒上五分满的水就可以了,并在水中放一些水草。

记得每天给昆虫水族缸换水,以确保水质新鲜,并且水中要有足够昆虫食用的食物。

很多水生昆虫是会飞的,可以用网格较密的纱网或金属网覆盖在昆虫水族缸上,防止它们逃跑。

蜉蝣的成虫并非水生昆虫,羽化为成虫时,需要有露在水面以上的水草或树枝供它们攀爬。

水草既是一些水生昆虫的食物,又是它们可以攀附和躲藏的家园。

生活在水底附近的生物叫作底栖生物,如石蛾的幼虫,它们喜欢藏在小石子的下面。

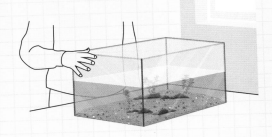

2.在房间里找一处光照充足且凉爽通风的地方,把昆虫水族缸放在那里。切记要避免阳光直射,以免水温过高。

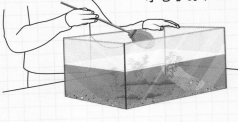

3.水藻会贴着昆虫水族缸的缸壁生长,形成一片绿色的膜状物。清除时,可以用长柄勺子把缸壁上的藻类刮下来,再用细网筛过滤缸里的水,去掉过多的藻类。

振翅高飞

大多数昆虫的成虫都有翅膀，它们能在空中自由地飞翔。昆虫的翅膀又薄又轻，靠翅脉来加固，翅脉就像风筝的骨架，起支撑作用。这些昆虫的胸节长着强有力的肌肉，能带动翅膀快速振动，产生气流帮助它们飞行。

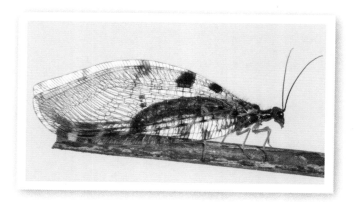

蕾丝翅膀

草蛉（líng）翅膀上的翅脉，形成了纤细又繁复的花纹，就像蕾丝花边一样美丽。草蛉主要在夜间活动，我们有时能在路灯下看到它们飞舞的身影。

甲虫起飞

甲虫也有4片翅膀，但有一双前翅特化成了又厚又硬的"甲壳"。甲虫的后翅又长又宽，平时折叠着，收在前翅下面，主要用于飞行。右图所示的赤翅甲正要准备起飞。

这只赤翅甲举起了两片前翅，红色的前翅可以保护后翅和身体。

原本折叠在前翅下用于飞行的后翅探出，并铺展开来。

起身离开

当翅脉伸直，长长的、透明的后翅展开后，甲虫就会扇动翅膀起飞。振翅的速度极快，人类的眼睛无法看清它们的翅膀，只能看到一团虚影。甲虫可以靠飞行来更好地觅食和躲避天敌。

赤翅甲的后翅扇动得越来越快，并不断加速，直到可以起飞。

在飞行的过程中，一般前翅不会扇动，而是高高地竖立着，以免干扰后翅扇动。

全力加速

每一次扇动翅膀，后翅都会向下推动空气，产生的气流可以把赤翅甲推向空中。当然，翅膀也可以向后推动空气，这就使得它们能向前飞行。赤翅甲一边用腿猛蹬植株，把自己弹到半空中，一边展开翅膀高速扇动，一眨眼的工夫就消失得无影无踪了。

它把腿向下伸直，远离翅膀扇动的范围。

熟练的飞行员

食蚜蝇因幼虫以蚜虫为食而得名，它们的成虫都是技巧高超的飞行大师。它们既能在花朵上方悬停飞行，也能在转瞬间飞到很远之外，还能向各个方向飞，包括倒退飞行。

用餐时间

有些昆虫是多食性动物，几乎什么都吃。蟑螂就是其中之一，它们发达的咀嚼式口器能啃咬腐败的食物、污垢碎屑，甚至是纸张和毛皮。也有很多昆虫长着高度特化的口器，只能食用特定的食物。有些种类的蝽用口器刺入植物的枝干里吸食汁液，有些种类的蝽则吸食其他动物的血。

长长的"鼻子"

象甲是一类鞘翅目的甲虫，因为长着和大象一般长而弯曲的"鼻子"而得名。实际上这并非是鼻子，而是喙，前端有用来进食的口器。象甲以植物为食，喙用来在植物上钻孔，不但能取食孔内的植物组织，还能向孔内产卵。

刺穿猎物

龙虱（shī）的幼虫长着硕大而尖锐的"毒牙"，用来捕食猎物。它们能把"毒牙"刺入猎物的身体，向里面注入消化液，将猎物的内脏都变成"浓汤"，然后就可以把化成糊状的猎物吸食一空。

弯钩形的"毒牙"，实际上是龙虱特化的上颚。

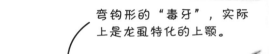

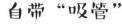

自带"吸管"

蝴蝶和蛾子的嘴长得像吸管一样，在不进食的时候，长长的"吸管"能卷起来收纳好；而当吸食甜甜的花蜜时，嘴巴则会展开伸直。

长长的吸管般的嘴，称为喙。

这是一只长喙天蛾，它进食的样子看起来很像蜂鸟。

120

蚂蚁的进攻

蚂蚁发达的上颚就像钳子一样，既能切碎食物，又能狠狠地咬住敌人。这只多毛牛蚁就长着格外大的上颚，能把猎物夹住并切成碎块，让自己和同伴们大快朵颐。

每侧上颚与头部相连的地方，都有一个铰链式的关节，以此来控制上颚的开合。

上颚的内侧边缘长着很多棘刺，能牢牢地钳住猎物。

⚠ 千万别摸它，多毛牛蚁会夹人！

蚂蚁的嘴就长在颚的基部偏下方的位置。

多汁的美餐

蜘蛛的嘴很小，不能像螳螂一样将猎物嚼碎后再吞下肚。于是，蜘蛛就把消化液注入猎物的体内，将猎物体内的软组织都分解成糊状，再把消化好的"肉汤"吸食干净。这只猫蛛正在向猎物的体内注入消化液。

虫的视野

昆虫看到的景象是怎样的呢？绝大多数昆虫都有眼睛，它们的眼睛分为单眼和复眼两类。节肢动物特有的复眼，由许许多多的小眼组成。每只小眼只能看到周围环境的一小部分，组合起来就是复眼看到的全部景象。这个视觉成像的过程，就像我们常玩的拼图。

蝉有3只单眼，呈三角形。

蜻蜓巨大的复眼，几乎占据了整个头部。

单眼

复眼是昆虫的主要视觉器官，绝大多数昆虫都有两只复眼。除此之外，很多昆虫还有几只单眼。单眼不分为多只小眼，视觉成像能力也不如复眼，通常只能感觉光线的强弱。

蜻蜓的视野极宽广，能同时看到前方、下方和后方的景象。

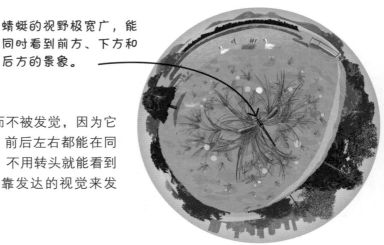

毫无死角

我们很难悄悄接近蜻蜓而不被发觉，因为它们能看到周围360°的景象，前后左右都能在同一时间尽收眼底。想象一下，不用转头就能看到后面是什么感觉？蜻蜓就是靠发达的视觉来发现、盯紧并追捕猎物的。

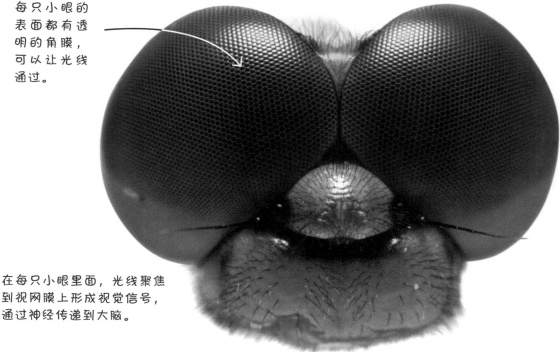

每只小眼的表面都有透明的角膜，可以让光线通过。

在每只小眼里面，光线聚焦到视网膜上形成视觉信号，通过神经传递到大脑。

大眼睛

蜻蜓的眼睛是各类昆虫中最大的，这使得它们能迅速发现周围飞过的任何小虫并锁定目标，随后它们振翅飞起，将猎物精准擒拿。这是一只红蜻蜓的"高清证件照"，其中每只复眼都由5000只以上的小眼组成。很多昆虫都能分辨颜色，还有很多夜行性的昆虫，能在晚上看清周围的环境。

大眼睛还用来发现天敌、异性、竞争者，以及适合产卵的地点。

看见"看不见的"

尽管紫外线确实存在甚至还能晒伤我们，但人类的肉眼无法直接看到它们。然而，很多昆虫却能看到紫外线。有些花瓣上的结构，只有能看到紫外线的眼睛，才能将其分辨出来。蜜蜂就能看到紫外线，并借助这一技能更好地寻找花蜜。

123

触觉

敏锐的触觉既能让飞行的昆虫感知空气中的每一丝风吹草动，又能帮助昆虫更好地在树枝和树叶上爬行。昆虫爬行时，依靠触觉来判断落脚点；进食时，依靠触觉来识别食物；隐藏时，依靠触觉来确认洞穴或裂缝是否合适。

触角既可以感知气味、味道，也可以感知空气的流动。

张开天线

昆虫的触角都非常敏感。鳃金龟的触角极具特色，长着很多分叉，像鱼鳃一样层层叠叠的。平时，鳃金龟会把触角收拢起来，而它们一旦起飞，就会把触角张开。张开的触角与空气有更大的接触面，能帮助它们更敏锐地感知风向，也能更灵敏地嗅到空气中的各种气味。

趴在树叶上的鳃金龟，会把触角收拢。

当它飞行时，就会把触角张开。

超长触角

折角蛾纤细的触角极长，触角的长度可达体长的两倍以上。这么细的触角里，还长着更细的肌肉纤维，能控制触角弯曲、挥舞。折角蛾是日行性动物，夏季天气晴朗时，会成群结队地在树林里飞舞。

敏感的"头发"

一些蜘蛛的长腿上分布着很多刚毛，左图所示的这只墨西哥红膝捕鸟蛛就是如此。这些刚毛是极为敏锐的感觉器官，能感知猎物运动时所产生的细微动静，从而帮助蜘蛛捕猎。

触角对空气流动、气味和振动非常敏感。

触角可分为11节或更多节。

触角通过一双灵活的关节连接在头部，因此天牛能够让触角转来转去。

长长的"角"

天牛因为有着长长的触角，令人想起牛的双角而得名，绝大多数天牛都有着很长的触角。世界各地的森林里，分布着许多不同种类的天牛。

前翅起到保护作用，后翅折叠着收在坚硬的前翅下面。

腿上的刚毛也能感知振动。

洞穴居民

灶马是穴螽科昆虫，通常生活在阴暗的洞穴或缝隙里，它们必须用长长的触角来帮助自己了解周围的情况。灶马会不断地用触角碰触周围，你可以闭上眼睛，试着用一根木棍探测着走路，体会一下灶马是怎样生活的。

味觉和嗅觉

　　我们用鼻子来闻气味，用舌头来尝味道，但昆虫没有这些器官。取而代之的是，它们身体的不同部位分布着一些小小的化学感受器，这就相当于味蕾。昆虫的味蕾常分布于口器、触角和脚上。它们感知气味主要靠触角，而口器和脚上的味蕾则起到品尝的作用。

挑剔的苍蝇

　　味觉和嗅觉都是化学感受器对化学分子的反应，二者在本质上是一样的。昆虫靠味觉和嗅觉来寻觅食物或配偶。下图所示的这只丽蝇正在品尝糖浆，判断到底能不能吃。它们总是降落在可能是食物的东西表面，用脚和口器细细品味，来确认这到底是不是食物。

丽蝇经常出现在我们的厨房里。

丽蝇进食前，需要先把含有消化酶的唾液吐在食物的表面，就好像朝食物上呕吐一样。

丽蝇的脚上有味蕾，它的脚往往是全身最先和食物接触的部位。

丽蝇用海绵状的舐吸式口器，把被消化成液态的食物舔进嘴里。

味觉和嗅觉测试

来看看不同的食物都能吸引到什么昆虫吧！准备几个盘子，分别放上不同的食物，观察昆虫落在上面后，是留下来继续品尝，还是转身飞走。猜猜看，它们会喜欢清水吗？做这个实验前后记得都要洗手哟！

1.分别在3个盘子中放上如下东西：一些糖浆或糖水、少许生肉末或肉汁、清水。

2.实验最好选在晴朗的夏日进行，在户外摆一张桌子，把3个盘子放在上面，两两之间相距60~80厘米。观察哪些昆虫会前来觅食，并做好记录。

3.蝴蝶和蜜蜂能闻到糖散发到空气中的气味，它们会被糖浆或糖水吸引过来。苍蝇的幼虫以腐肉为食，所以可能会飞到肉末或肉汁上产卵。通过这个实验我们可以观察到，几乎没有昆虫会在装清水的盘子周围驻足。

臭烘烘的食物

粪蝇实在是"蝇"如其名，它们总喜欢围着粪堆"嗡嗡"地飞。每当动物刚排出粪便，浓烈的气味就会把它们吸引过去。粪蝇会在粪堆上产卵，幼虫孵出来后就以粪便为食。事实上，动物的粪便里含有丰富的营养物质，以粪便为食的动物不计其数。

闻香识途

外出觅食的工蚁发现一个地方有丰富的食物后，就会赶紧爬回家，并沿途在地面上留下气味标记。其他的工蚁伙伴们便循着这些气味标记跟过去，快速地找到食物。

产卵

    昆虫通过产卵的方式繁殖后代，每种昆虫都会找到最适合自己的地方来产卵。如果选址不恰当，卵可能会被晒干、淹死，还可能发霉或被其他动物吃掉。除了考虑卵的安全，还要考虑幼虫孵化出来后，附近有没有足够的食物供它们享用。粪蝇在粪堆上产卵，最主要的原因就在于，它们的幼虫是以粪便为食的。

深入钻探

    雌性昆虫用来产卵的器官，叫作产卵器。产卵器是连通卵巢与外界的管状器官，卵从产卵器的末端产出到体外。有些昆虫的产卵器格外长，就像针一样，下图所示的姬蜂就是如此。它们用产卵器在植物上钻孔，可以精准地找到藏在树干里的蛀木甲虫的幼虫，然后把卵产在它们的身上。姬蜂是寄生性的，寄主是动物，它们并不是单纯地向树干里产卵。

这只姬蜂用产卵器在树干上轻点，寻找最准确的位置。找准后便开始钻孔，将长长的针状产卵器刺入树干里。

包裹好的卵

为了更好地让后代远离危险，蟑螂会制造一个豆荚状的卵鞘，把卵妥善地放置在里面。卵鞘由雌性蟑螂腹部分泌的胶质制成，不仅光滑坚硬，还能防水。

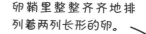
卵鞘里整整齐齐地排列着两列长形的卵。

这只千里光灯蛾把卵产在叶片的背面，这样可以降低被捕食者发现并吃掉的风险。

叶片背面的小生命

有时候，我们能在千里光属植物的叶片背面发现明黄色的小圆球，这就是千里光灯蛾的卵。雌性千里光灯蛾总是选择千里光属植物的叶片来产卵，因为幼虫以这种植物的叶片为食。从卵中孵化后，幼虫就能在叶片上开始进餐了。把卵产在幼虫取食的植物叶片上，是很多蝴蝶和蛾子共有的习性。

当雌性豆娘向水中产卵时，雄虫会用腹部末端的特殊结构抓住配偶的头部后侧或胸部前方。

水下的卵

豆娘和蜻蜓的幼虫都在水中生活，因此它们喜欢在水中或水边产卵。它们都有修长的腹部，以方便产卵。雌性豆娘通常选择水草伸出水面的地方，把腹部末端探到水面下不远处，然后将卵产在水草的茎上。

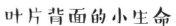

变形金刚

很多昆虫刚从卵中孵化出来时，样貌与成虫时的样子截然不同。各种蝇、甲虫、蝴蝶、蜂和蚁，刚出生时都是胖乎乎的肉虫子，可是等它们慢慢长大变为成虫后，模样就彻底地改变了。这种现象叫作完全变态发育。

面包虫的幼虫看起来像迷你版的蚯蚓，它们就这样渐渐长大。

幼虫

面包虫是某些拟步甲科昆虫幼虫的俗称，刚孵化的幼虫看起来就像小蚯蚓。它们之所以叫作面包虫，是因为以面粉、麦麸（fū）、燕麦等谷物及谷物制品为食，这些东西通常是制作面包的原材料。

幼虫会蜕皮数次，每次新表皮先长好，然后旧表皮裂开，幼虫扭动着身体从旧皮里爬出来。

当幼虫渐渐长大，藏在旧表皮里的身体上，就会长出新的面积更大的表皮，等到合适的时候，它们就会撑开旧表皮钻出来。这种换皮的过程叫作蜕皮。

蝶蛹挂在树枝上。

破茧成蝶

蝴蝶的幼虫刚从卵中孵化出来时，只是不起眼的毛虫。每长大到一个新的阶段，它们就会蜕皮一次。几次蜕皮之后，毛虫就会化身为蛹，进入不吃、不喝、不动的蛹期。蛹通常是灰色或棕色的，带有皱纹或图案，看起来就像卷曲的枯叶，这样可以保护它们不被捕食者发现。很多蛹会悬挂在树枝的不起眼处或叶片的背面。奇妙的变化会在蛹的体内发生，几周以后，原来的毛虫就会变成蝴蝶，从蛹里钻出来。

蛹

　　幼虫每天都会不断地进食，然后逐渐长大、蜕皮、再长大、再蜕皮。大约经过5次蜕皮之后，面包虫就该进入"虫"生的下一个阶段了，那就是蛹。蛹由一层硬壳包裹着，几乎不会动，也不需要进食。虽然蛹的表面看起来风平浪静，内部却发生着天翻地覆的变化。

口器

触角

足尖的爪

用于飞行的后翅藏在起到保护作用的前翅下面。

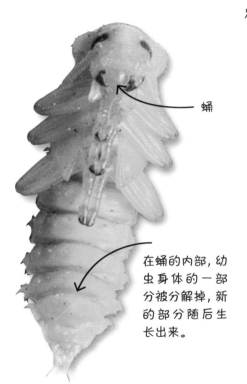

蛹

在蛹的内部，幼虫身体的一部分被分解掉，新的部分随后生长出来。

成虫

　　幼虫变成蛹几周后，蛹壳会裂开一条缝，面包虫的成虫，也就是拟步甲，就从这条缝里钻出来。虽然幼虫看起来和环节动物门的蚯蚓差不多，成虫却是典型的昆虫模样：有3段体节、6条腿、2对翅。

晾干翅膀

　　成虫刚从蛹或最后一次蜕皮的旧表皮中钻出来时，翅膀通常是皱皱巴巴、潮湿且柔软的，它们要做的第一件事就是把翅膀弄平整并晾干。昆虫会把体液泵（bèng）到翅脉里，靠液压把翅膀撑开。在晾干的过程中，翅膀会渐渐硬化，之后昆虫就能飞起来了。右图所示是一只刚刚从蝉蜕里爬出来的蝉。

慢慢成长

也有一些昆虫在成长过程中，并不会发生改头换面的大变化。它们刚从卵中孵出来时，看起来和成虫有几分相似，只不过更小、更弱。这样的昆虫在成年以前的阶段，叫作若虫或稚虫。若虫在成长的过程中也会经历多次蜕皮，每经过一次蜕皮，它们就会变得更大，模样也更像成虫。这样的生长方式叫作不完全变态发育，蝗虫、蜻蜓等昆虫的成长过程就是如此。

破壳而出

雌性蝗虫把由坚硬卵囊保护的卵产在泥土或沙地里，经过孵化后，若虫从卵囊里爬出来，挖开沙土钻出地面。

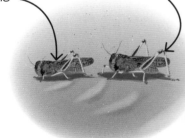

第一次蜕皮后

第二次蜕皮后

越长越大

每过几周，蝗虫的若虫就会蜕一次皮，在新的表皮硬化定形之前，它们能长大一圈，这样的蜕皮一共要发生5次。若虫没有翅膀，只有小小的翅芽，因此它们并不会飞。只有到第5次蜕皮的时候，从旧表皮里爬出来的成虫，才会长出能用于飞行的翅膀。

蜕皮前的若虫，紧紧地抓住树枝。

成虫把长腿从旧表皮的束缚中拔出，舒展开来，一下子就变大了不少。

成虫用力从旧表皮的裂缝中钻出来。

半大不小

　　蜉蝣的变态发育非常特殊，叫作原变态，是有翅类昆虫中最原始的变态类型，这仅见于蜉蝣目昆虫。蜉蝣的稚虫要在水中生活好几年，它们的腹部有适于在水中呼吸的气管鳃。等到快要变为成虫的时候，它们会沿着水草的茎爬到水面上，然后开始蜕皮。第一次蜕皮后出现的是亚成虫，飞行能力较弱，也不能繁殖。亚成虫会飞到水边的树上，几个小时之后，一层薄薄的表皮会再次脱落，这才变为真正擅长飞行的成虫。

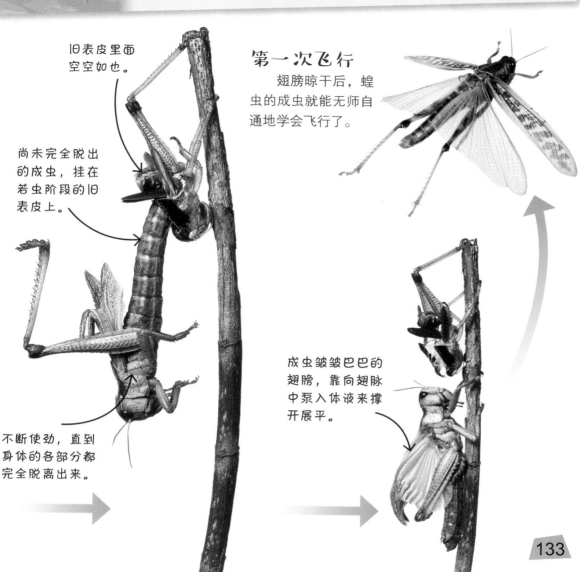

旧表皮里面
空空如也。

尚未完全脱出
的成虫，挂在
若虫阶段的旧
表皮上。

不断使劲，直到
身体的各部分都
完全脱离出来。

第一次飞行

　　翅膀晾干后，蝗虫的成虫就能无师自通地学会飞行了。

成虫皱皱巴巴的
翅膀，靠向翅脉
中泵入体液来撑
开展平。

133

害虫

绝大多数昆虫其实是对人类无害的，只有少数种类的昆虫会给人类带来麻烦，被列为害虫。一些毛毛虫、蛴螬（qí cáo）、象鼻虫会啃食庄稼、破坏树木；蟑螂会在粮仓、厨房里出没；白蚁会把家具或建筑木材掏空；还有一些昆虫会叮咬人类并传播疾病，每年都有数十万人因昆虫传染的疾病而失去生命。

热带雨林

不同种类的蚊子会传播不同的疾病，如疟（nüè）蚊会传播疟疾，伊蚊会携带导致黄热病和登革热的病毒。这些疾病多在热带地区肆虐，尤其是在适宜蚊子繁殖的湿地和热带雨林等地区。

传播病原体

当一只蚊子用口器刺入人的血管，大肆吸食血液时，也会将人体内的病原体吸入自己的身体。当它再吸下一个人的血液时，便将上一个人的病原体传播给了这个人。这样一来，蚊子就成了传播疾病的媒介。

这只蚊子吸足了血液。

小心螫针

有些昆虫的腹部末端有尖锐的螫针，可以用来攻击敌人，如蜜蜂和胡蜂。由于蜜蜂的螫针与内脏相连，因此它们的螫针只能使用一次；而胡蜂则不然，它们能用螫针多次发起进攻。

⚠️ 大胡蜂属的蜂，通常被叫作大黄蜂。人如果一不小心被它们螫了会超级痛，所以务必要小心！

发动攻击的时候，长长的螫针会从腹部的末端伸出来。

马铃薯杀手

马铃薯甲虫因为爱吃马铃薯的叶片而得名。它们的幼虫和成虫都以马铃薯的叶子为食，如果不加以控制，这些虫子甚至能把一片地里的全都吃光。马铃薯甲虫原产于美国科罗拉多州的落基山一带，因此也叫作科罗拉多甲虫。

蚜虫通常会聚集在一株植物最幼嫩的地方，如嫩叶、花苞，它们会在那里大肆吸食植物的汁液。

园艺之敌

在花园、菜圃里，我们时常能看到很多芝麻大小的虫子，在植株上密密麻麻地趴在一起。这些虫子就是蚜虫，又叫腻虫、蜜虫。它们用吸管一样的口器刺入植物里，吸食汁液。蚜虫的繁殖速度非常惊人，在很短的时间内就会有大量幼虫被孵化出来，一起吸食植物的汁液，从而导致植株枯萎死亡。蚜虫有数千种之多，月季、豌豆、白菜、黄瓜等植物都会受到蚜虫的威胁。

致命一咬

黑寡妇蜘蛛是球蛛科寇蛛属的多种毒蜘蛛的统称，它们是全球数万种蜘蛛中毒性最强的一族。按致死剂量来计算，黑寡妇蜘蛛的毒性大约是草原响尾蛇的15倍，但它们的毒液量较少，大多数咬伤并不致命。雌性黑寡妇蜘蛛的个头儿更大，比雄蛛更为危险。

虫中猎手

　　以捕食其他动物为生的昆虫，往往长有用于盯梢猎物的大眼睛、用于抓紧猎物的有力肢体、用于咬开猎物的强壮口器，其中一些还装备毒刺，可以注入毒液麻痹猎物。这里要给大家介绍的猎手，就是大名鼎鼎的螳螂。它们会捕食其他的昆虫，如苍蝇，当然它们也会捕食其他的螳螂。

如何捕捉苍蝇？

　　发现苍蝇后，螳螂会紧盯不放，同时让自己保持纹丝不动。螳螂有着完美的保护色，例如和周围环境一致的绿色，甚至连眼睛都是绿色的，这让它们看起来像树叶一样。

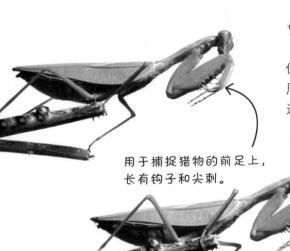

用于捕捉猎物的前足上，长有钩子和尖刺。

苍蝇飞到嫩芽上寻找食物。

螳螂用后足牢牢地抓住树枝，缓缓地把自己的身体向前伸。

螳螂用迅雷不及掩耳之势，瞬间弹出前足将苍蝇捕获，并且牢牢地钳住。

螳螂布满尖刺的前足可以将苍蝇牢牢钉死，让它根本无法逃脱。

花间"刺客"

有些猎蝽会悄悄地躲在花朵里，当有造访花儿的猎物靠近时，这个潜伏的"刺客"就发动突袭，猛地抓住猎物，并把长长的口器刺入猎物的体内。猎蝽会先将含有消化酶的毒液注入猎物的体内，等猎物的内脏全都被消化后，再一点儿一点儿地吸食。

飞来宴席

螳螂用后足抓紧树枝，竖起身子站着进餐。它们那有力的颚三两下就能咬开苍蝇的身体，把里面柔软的内脏挖出来吃掉。

螳螂用口器切开苍蝇，然后就可以大快朵颐了。

螳螂的大眼睛总是时刻观察着周围的环境，既是在寻觅猎物，探找最佳的捕猎路径，又是在提防天敌的袭击。

小蛛快跑

说到蜘蛛，我们总是会想到蜘蛛网，实际上有很多蜘蛛并不结网捕猎。狼蛛捕捉猎物，靠的是速度。它们在地上和低矮的植物上跑来跑去，寻觅猎物并将其生擒活捉。

螳螂才不吃猎物那没什么营养的翅膀和腿呢！

137

寄生

　　寄生生物是指生活在另一种生物，也就是宿主的身上或体内，靠吸取宿主的营养为生的生物。寄生虫对宿主有害，最大的危害就在于它们会吸取宿主的血液或其他体液中的营养。有些种类的昆虫是寄生生物，如虱子、跳蚤，它们以吸血为生。很多蜂类也是寄生的，它们的幼虫寄生在其他昆虫的卵、幼虫或成虫的体内。

象鼻虫杀手

　　节腹泥蜂会选择个头儿大的象鼻虫，作为自己宝宝的宿主。找到合适的目标后，节腹泥蜂妈妈就会飞过去把象鼻虫抓住，用腹部末端的毒针向其体内注入毒液。这种毒液并不会杀死象鼻虫，但能让它动弹不得。

节腹泥蜂用强壮的腿，牢牢地固定住象鼻虫。

象鼻虫的体壁较硬，节腹泥蜂会找个薄弱的地方下手，通常是关节处。

跳来跳去的吸血鬼

跳蚤在幼虫时期长得很像蠕虫，它们生活在灰尘、土壤里，以有机物碎屑为食。等它们成年后，就会跳到宿主身上，刺破皮肤吸其血液。跳蚤共有2500多种，不同种类的跳蚤会选择不同的动物作为宿主，但并没有规律性。猫、狗、老鼠身上的跳蚤，都可能会叮人。

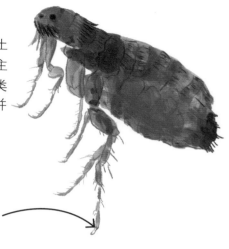

跳蚤的后肢非常发达。

象鼻虫无法动弹。

宝宝的储备粮

大多数寄生虫并不会杀死宿主，但节腹泥蜂的幼虫则不然，它们最终会把象鼻虫完全吃空，自然也就杀死了宿主。节腹泥蜂妈妈会在泥地中挖掘穴道，再把被麻痹的象鼻虫一个一个地带回巢，将卵产在它们的身上，最后封闭好洞口离开。卵孵化后，幼虫就以象鼻虫为食。

穴道里的象鼻虫注定要被吃掉。

奇痒难忍

如果人被跳蚤叮了一口，皮肤上就会留下一个小红疙瘩，奇痒无比，这种情况通常会持续几天时间。鼠蚤会传播鼠疫杆菌，导致臭名昭著的黑死病，这种疾病曾导致数千万人丧失生命。

集体生活

有些种类的昆虫会集群生活，从不孤身一"虫"过日子，它们一旦离开了集体可能就活不下去了，这样的昆虫叫作社会性昆虫。白蚁就是一类社会性昆虫，它们不仅长得很像蚂蚁，就连生活习性也差不多。它们会修筑巨大的蚁巢，蚁后和许许多多的工蚁共同生活在里面。奇妙的是，有些种类的白蚁和蚂蚁还会种植蘑菇。

产卵机器

蚁后体形庞大，从建立种群开始，随着时间的不断推移，它们的腹部会越来越臃肿，以便孕育更多的卵。成熟蚁群的蚁后，其体形比工蚁要大许多倍。蚁后和雄蚁交配后，每天可产下3万枚卵。蚁后只负责产卵，喂养、清洁和照顾等工作则由工蚁负责。兵蚁的上颚或头壳发达，负责保卫蚁后和巢穴的安全。

兵蚁

蚁后

雄蚁

工蚁没有翅膀，
眼睛也退化了。

修补蚁穴

很多动物都以白蚁为食，如一些鸟类。为了能捕食到白蚁，天敌往往会破坏白蚁的巢穴。当蚁穴被天敌刨开后，工蚁们就会聚集过来，齐心协力一起修补破洞。

新的生活

在较大的白蚁种群里，有时会产生长有眼睛和翅膀的"公主蚁"和"王子蚁"。它们长大后，会选择适宜的天气飞出巢穴去"相亲"，然后建立新的种群。

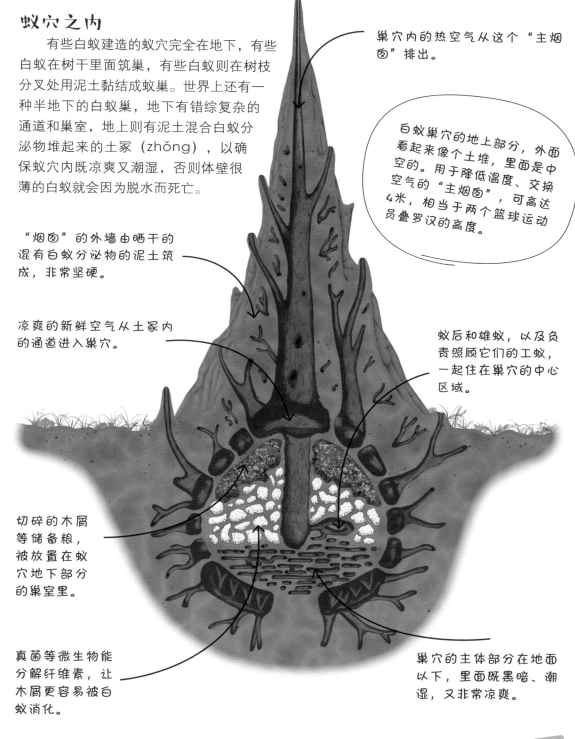

蚁穴之内

　　有些白蚁建造的蚁穴完全在地下，有些白蚁在树干里面筑巢，有些白蚁则在树枝分叉处用泥土黏结成蚁巢。世界上还有一种半地下的白蚁巢，地下有错综复杂的通道和巢室，地上则有泥土混合白蚁分泌物堆起来的土冢（zhǒng），以确保蚁穴内既凉爽又潮湿，否则体壁很薄的白蚁就会因为脱水而死亡。

巢穴内的热空气从这个"主烟囱"排出。

白蚁巢穴的地上部分，外面看起来像个土堆，里面是中空的。用于降低温度、交换空气的"主烟囱"，可高达4米，相当于两个篮球运动员叠罗汉的高度。

"烟囱"的外墙由晒干的混有白蚁分泌物的泥土筑成，非常坚硬。

凉爽的新鲜空气从土冢内的通道进入巢穴。

蚁后和雄蚁，以及负责照顾它们的工蚁，一起住在巢穴的中心区域。

切碎的木屑等储备粮，被放置在蚁穴地下部分的巢室里。

真菌等微生物能分解纤维素，让木屑更容易被白蚁消化。

巢穴的主体部分在地面以下，里面既黑暗、潮湿，又非常凉爽。

141

蚂蚁社会

常见的爬来爬去的蚂蚁，和白蚁一样，也是社会性昆虫。整个群体中只有蚁后能产卵，工蚁负责喂养和照料蚁后，它们会外出寻觅食物，从植物嫩芽、种子到一些其他的小动物，都在不同种类蚂蚁的食谱之列。有些种类的蚂蚁还特化出了兵蚁，它们长着强健的大颚，担负着保卫家园的职责。

交头接耳

蚂蚁通过两种方式与同伴交流，它们互相传递的是有关食物资源、敌人来犯、巢穴损坏等方面的信息。第一种方式是通过分泌一种特殊的化学物质——费洛蒙，让其他蚂蚁可以闻到；另一种交流方式则是用触角彼此轻拍。

如果你看到蚂蚁像这样和同伴凑在一起，把触角互相碰一碰时，就表明它们正在"聊天"呢！

蚂蚁有着细长的腿，相对于体形来说，它们算是爬得非常快了。

当遇到危险时，很多种类的工蚁都能从腹部末端喷出蚁酸。蚁酸具有刺激性，能让敌人刺痛难忍。

切碎树叶种蘑菇

大多数蚂蚁靠工蚁外出采集来获得食物，植物、小动物和腐殖质都在蚂蚁的食谱上。但切叶蚁有着特殊的食物来源，它们会把树叶切成小块带回巢穴中。但它们可不是直接吃叶子，而是用叶子当肥料，栽培一种特殊的蘑菇。等蘑菇长大后，蘑菇的子实体才是切叶蚁的口粮。

自制蚁巢

　　如果想要好好观察蚂蚁是如何一起收集食物、修筑家园的，可以自制一个蚁巢，从野外"借"一窝蚂蚁来，把它们放在自制蚁巢里观察几天。空的水族箱、旧金鱼缸，或者其他没有缝隙让蚂蚁可以钻出来的容器都可以。

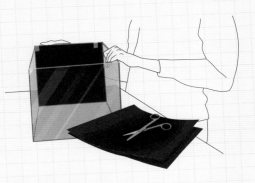

1.蚂蚁喜欢在黑暗的环境中营造巢穴，将容器外侧的几个面贴上黑纸用来遮光，这样它们就会在有黑纸的一边挖掘穴道。

2.在户外寻找合适的蚂蚁种群。掀开大石头，看看下面是否藏着一窝蚂蚁。有的话，就用铲子连土带蚂蚁一起铲起来。需要注意的是，要从同一窝蚂蚁中尽可能采集大小不同的个体。

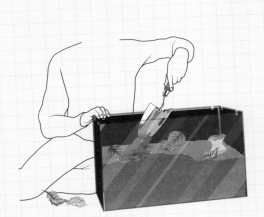

3.将采集到的带有蚂蚁的土，小心地装进准备好的容器里。再铺上更多潮湿但不至于渗水的泥土，放上几片新鲜的树叶和几片枯叶，再放上一点点水果。盖上容器，注意确保空气可以流通，但蚂蚁又无法爬出来。

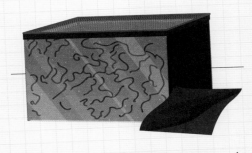

4.几天之后，小心揭下容器壁上的黑纸，你就能看到贴着黑纸的这侧，有许多弯弯曲曲的通道，这些就是蚂蚁挖掘出来的穴道。你可以花1~2周的时间来观察蚂蚁的工作和生活。观察结束后，务必把它们连同泥土一起放回原来的地方。一个没有蚁后、只有工蚁的蚂蚁群体无法存活太久。

忙碌的蜜蜂

蜜蜂用它们那像吸管一样的口器来吸食花蜜。

你应该见过蜜蜂"嗡嗡嗡"地从一朵花飞到另一朵花上的场景，这表明它们正在辛勤劳作呢！工蜂外出访花，会将采集到的花蜜和花粉带回蜂巢或蜂箱（人工搭建的供养蜜蜂居住的箱子），作为整个大家庭的食物。与白蚁和蚂蚁一样，蜜蜂也是社会性昆虫。

急先"蜂"

当一只工蜂寻找到一片花田，发现有很多香甜可口的花蜜和花粉可以采集后，它就会飞回蜂巢附近，通过一种特殊的"摇摆舞"，把花田的方向、距离等信息告诉同伴。随后，工蜂们会在花田和蜂巢之间往返飞行数百次，将花蜜和花粉采回家。

它们把食物带回蜂巢里。

⚠ 蜜蜂会蜇人！在观察蜜蜂的时候，务必要保持一定的安全距离。

花粉篮

蜜蜂在吸食蜂蜜的同时，也会不断地摩擦雄蕊，把花粉粒蹭到身上，再用后腿上的"毛刷"把身上的花粉粒刷下来，混合上唾液和花蜜，粘成小团块。它们的后腿边缘有长毛，可以形成花粉篮，把花粉块带回巢中。

养蜜蜂

　　人们通过养蜜蜂来获取它们酿制的香甜浓稠的蜂蜜。蜜蜂会把采集回来的花粉反复酿制，并不断地扇风让水分蒸发，最终得到蜂蜜，贮存在巢室里。等蜂蜜积攒到一定的量，蜂农就会打开蜂箱将其取出。

蜂巢内部

　　一个大型蜂巢可容纳超过5万只蜜蜂。蜂后负责产卵，所有的工蜂都是雌性的，它们不仅要负责喂养、清洁、照料蜂后，还要负责打扫蜂巢、驱逐敌人、修缮及扩建蜂巢、照顾蜂卵和幼虫等工作。蜂巢内也会有少数几只雄蜂，雄蜂没有螫针，它们唯一的任务就是与蜂后交配，繁殖后代。

工蜂会修筑六边形的巢室，主要材料是蜂蜡。它们分泌蜂蜡的器官是蜡腺，位于腹部下方。

工蜂通过在飞行中摆动腹部的"摇摆舞"，将蜜源的位置告诉同伴。

一些巢室用于贮存蜂蜜，另一些则用来安置蜂卵，以及处于不同成长阶段的蜜蜂宝宝。

145

别碰我

在公园或山林里，我们有时会看到颜色醒目的昆虫，它们其实是想警告敌人。这种鲜艳的体色叫作警戒色，通常是鲜红色、明黄色或亮橙色，绝大多数还辅以鲜明的斑点或条纹。有警戒色的昆虫，通常味道恶心或长有毒刺，甚至有的还能喷出带有臭味的液体。

当心长水泡

斑蝥（bān máo）是一类芫菁（yuán jīng）科的甲虫，它们那鲜艳夺目的外表，正是在提醒捕食者别自讨苦吃。斑蝥体内含有一种具有刺激性的化学物质——斑蝥素，人或其他动物的皮肤如果接触到就会起水泡，疼痛难忍。很多动物吃过苦头后，就会记住这种昆虫的模样，从此不再捕食它们。

斑蝥常聚集在花上采食或产卵。

我可不好吃

黑色的身体上点缀着鲜红色的图案，是这种欧洲常见沫蝉的"身体语言"，主要想告诉天敌：我可不好吃。沫蝉的若虫会分泌白色的泡沫包裹身体，用来保护自己，它们则躲在泡沫里尽情地吸食植物的汁液。

沫蝉擅长弹跳，它们英文名的意思是"青蛙跳虫"。

不同沫蝉的颜色、图案各不相同。这种沫蝉看起来和瓢虫有点儿像，都是反差十分强烈的红黑配色。

又硬又臭

蝽的胸节背面长有坚硬的盾牌形状的外骨骼，叫作盾片。少数蝽是肉食性昆虫，大多数则是植食性的。其中一些选择用绿色等保护色隐藏自己，另一些则用警戒色吓退敌人。遇到危险时，它们会喷出带有臭味的液体。

蝽的俗名叫作放屁虫或臭大姐，猜猜看这个名字是怎么来的？

食蚜蝇的腹部末端并没有螫针。

装成狠角色

有些昆虫虽然也有警戒色，但实际上并不具有攻击性，如这只食蚜蝇。它模仿了胡蜂的样子，而胡蜂是不折不扣的狠角色。那些知道胡蜂不好惹的捕食者，看到食蚜蝇也会因此退避三舍。这种用警戒色伪装成具有攻击性物种的现象，属于拟态的一种。

黑黄条纹

在动物的世界中，黑黄条纹是常见的警戒色。胡蜂和蜜蜂都披挂着一身黑黄条纹的战袍，这就相当于把"我们有危险的毒针"用大喇叭喊给其他动物听。

⚠ 胡蜂和对人毫无威胁的食蚜蝇看起来很像，不同的是胡蜂有螫针。

隐蔽性绝佳

　　有些昆虫一看就是一副昆虫的模样，但有些昆虫一眼看去，根本看不出有虫子的影子，倒酷似新鲜的绿叶、棕黄的枯叶、娇美的花瓣，以及嫩枝、花苞、荆棘，甚至是鸟粪。这样的伪装，令捕食者难以发现它们。还有些昆虫为了吓跑捕食者，竟然把自己伪装成天敌的天敌，如长出又大又圆的眼斑，冒充猛禽的眼睛。

挑刺

　　这种角蝉以蔷薇、莓果类多刺植物的汁液为食。它们看起来就像植物上的刺，有谁会想吃一根刺呢？

这种角蝉只要纹丝不动，就活脱脱是枝条上的一根刺。

孔雀蛱蝶翅膀上的图案，就像孔雀尾巴上的眼斑一样，因此得名。

是蝴蝶还是猫头鹰？

　　当孔雀蛱蝶停歇的时候，翅膀会收起竖立在背上，露出颜色晦暗的一面，看起来就像树皮。一旦危险逼近，它们就会突然张开翅膀，露出眼斑，仿佛猫头鹰突然出现。捕食蝴蝶的通常是中小型鸟类，它们看见这一幕，往往会被吓跑。

翅膀下方的深色条纹，让它们和树皮融为一体。

虫身上的刺和植物上的刺，长得极为相似。

足的末端有弯钩状的爪，即便是在大风中也能牢牢抓住树枝。

片状突起看起来像是枯叶皱缩的边缘。

翘起来的腹节上长有小刺，整体轮廓不规则，看起来就像周围的树枝和树叶。

多刺的小树枝

　　澳大利亚幽灵竹节虫体长可达20厘米，它们栖息的植物枝条上有很多刺，于是也将自己伪装成多刺的枝条和枯黄打卷的叶子，捕食者很难发现它们。

蟹蛛

　　很多小虫会采食花蜜和花粉，蟹蛛则守株待兔捕食它们。蟹蛛总是安静地趴在花瓣上，等着伏击送上门的猎物。许多蟹蛛的体色能随着花朵颜色的不同而发生变化，但变色往往需要花上好几天的时间。

螽斯的保护色

　　很多螽斯都是草绿色的，和它们栖身的绿叶颜色是一样的。像这种和周围环境一致，以便隐藏自己的体色，叫作保护色。

149

花园昆虫

即便是最整洁、最勤加维护的公园或花园，也会有千千万万只小虫子住在里面。夏天的时候，你很容易就能看到它们在土里钻来钻去，在树上爬来爬去，在树叶上大吃特吃，在空中"嗡嗡"地飞个不停或在花丛间翩翩穿梭。当天气变冷后，它们就不经常出来活动了，而是躲在墙缝、屋檐下等相对暖和的地方。

细心的母亲

春天，蠼螋（qú sōu）雌虫会产下许多珍珠般椭圆形的卵。很多昆虫对自己产的卵不闻不问，任由后代自生自灭，而蠼螋却有护卵的习性。蠼螋妈妈会守护自己产下的卵，细心保持卵的清洁，避免霉菌侵染。

魔鬼隐翅虫在自卫时，会高高地翘起腹部，同时从腹部末端的一对腺体中喷出恶臭无比的液体。

夜行猎手

白天很难看到魔鬼隐翅虫的踪迹，除非你翻开石头、落叶或倒伏的枯树，在下面潮湿的土地里仔细翻找。它们总是趁着夜色出动，捕食其他小型无脊椎动物。

魔鬼隐翅虫有着强壮的大颚，被它们咬伤会非常疼。

"借用"昆虫

如果想要更多地了解关于昆虫的知识，可以利用捕虫陷阱把它们从野外"借"来看看。你需要准备的物品包括：果酱罐、小铲子、小石子，以及一块较大的扁平石头。在清晨和傍晚，把陷阱安置在同一个地方，看看白天和夜间捕捉到的昆虫种类是不是一样的。

1.找一个隐蔽的角落，在地上挖个坑，只要能容纳下果酱罐即可。往果酱罐里放一些落叶，再找4块尺寸相近的小石子。

2.将果酱罐放进坑里，让罐口与地面齐平。把4块小石子放在罐口周围，作为支柱，再把扁平的石头放在上面，避免雨水落进罐子里。

3.白天可以每隔两三个小时查看一次罐子，把掉进陷阱里的昆虫的种类和数量记录下来。统计结束后，别忘了取出罐子，把被困住的虫子们放生。

高效纺织工

十字园蛛得名于腹节背面的白色十字图案，这是一种花园里常见的结网蜘蛛。它们会编织直径达0.6米的蛛网，等待飞虫撞上来，然后把自投罗网的猎物吃掉。和其他园蛛科的亲戚一样，十字园蛛织网的速度很快，只需要半小时左右就能织好一张网。

森林昆虫

　　森林是大多数昆虫最理想的家园，繁茂的植被既为它们提供了食物，又是它们完美的庇护所，一片森林里往往生活着数百种不同的昆虫。树叶、花苞、水果、种子是不同种类植食性昆虫的口粮，而肉食性昆虫则捕食这些植食性昆虫和其他小型无脊椎动物。有些昆虫会在树干里钻孔藏身，有些昆虫会躲在松动的树皮下面，吃那里生长的真菌，还有一些昆虫会躲在朽木或树根周围的泥土里。

虽然锹甲的上颚看起来像个大钳子，但通常并不会夹伤人。

锹甲用触角感知周围的环境。

坚硬的前翅下面，藏着用于飞行的后翅。

鹿角锹甲

　　别看鹿角锹甲的成虫像威风凛凛的黑将军，它们的幼虫却是白白胖胖的大肉虫子。幼虫会躲在朽木或树桩里面啃食木质，经过两次蜕皮，度过大半年甚至数年的未成年阶段后，就会化蛹为成虫。只有雄性成虫的头顶，才有发达的形似鹿角的上颚。

叶里藏身

栎（lì）绿卷蛾的幼虫生活在栎树上，它们会把栎树宽阔的叶片卷起来，躲在里面大吃特吃，有时甚至会有上千只幼虫聚集在一起，共享美食。

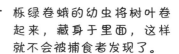
栎绿卷蛾的幼虫将树叶卷起来，藏身于里面，这样就不会被捕食者发现了。

栎绿卷蛾的成虫

栎绿卷蛾的幼虫

造瘿昆虫

一些寄生昆虫以植物为寄主，如瘿蜂、瘿蚊等，它们在植物的叶片、嫩枝、花苞等部位产卵，导致植物细胞增生和分化异常，最终形成膨大的瘤状物，叫作虫瘿，幼虫就躲在里面啃食植物组织。虫瘿有各种不同的形状，只要你留心在枝条和叶片上寻找，就不难发现虫瘿的踪影。

栎瘿（yǐng）是栎属植物上常见的一种大而圆的虫瘿，它们是由瘿蜂在嫩枝处产卵导致的。栎瘿有多种颜色，如褐色、黄色、绿色、红色等。

一抹艳色

在澳大利亚的森林中，生活着一种孔雀跳蛛，雄蛛腹部的背面色彩斑斓，十分绚丽。求偶时，它们会高高举起腹节，就像孔雀开屏一样，用鲜艳的颜色来吸引异性的注意。

沙漠昆虫

　　沙漠实在是太干旱了，绝大多数动物都无法在这里生存，不过我们还是能在这里找到不少昆虫的踪迹，尤其是甲虫。白天的时候，它们大多都销声匿迹，以此来躲避灼热的阳光，到了夜间才出来觅食，找些植株、风吹来的种子或其他节肢动物来吃。有些昆虫会钻进仙人掌等沙漠植物里，还有些昆虫以动物的尸体为食，那些被热死或渴死在沙漠里的动物，最终会被它们啃食掉。

与沙同色

　　这种澳大利亚沙漠中的拟步甲，有着一身和周围环境相近的颜色，这样能确保它们不被天敌发现。它们的幼虫和其他鞘翅目幼虫一样，都是白白胖胖的，通常生活在沙地下方的泥土里，如同蚯蚓一般。

沙子陷阱

　　蚁狮在沙地上爬过后，会留下涂鸦一般的痕迹，因此它们还有一个俗名叫作涂鸦虫。大多数的时候，它们会在沙地上挖一个漏斗形的坑，自己则躲在底部的沙子里。蚂蚁和其他昆虫爬过时，很容易就掉进这个陷阱里。蚁狮就会趁机迅速抓住猎物，将其收入腹中。

　　蚁蛉的幼虫叫作蚁狮，它们会向猎物体内注入消化液，然后将其吸干。

蚁蛉成虫

　　蚁蛉的成虫看起来既有点儿像草蛉，又有点儿像豆娘。每到繁殖季节，有些种类的雄性蚁蛉就会成群地在空中飞舞，开始它们的求偶仪式。

飞蛾与花

　　丝兰是一类原产于美洲热带干旱地区的植物，丝兰蛾则在丝兰的花朵中产卵。当丝兰蛾从一朵花飞到另一朵花继续产卵时，就把花粉带了过去，从而帮助丝兰完成了传粉。丝兰种子的数量很多，丝兰蛾的幼虫会吃掉其中一部分。

丝兰没有其他的传粉途径，只能通过丝兰蛾来授粉。

长长的腿能够快速挖掘沙子。

白底上的白斑点

　　这种原产于纳米布沙漠的拟步甲，长着白色的鞘翅。这是因为它们生活的地方是以浅色沙子为主的沙漠，白色的体色不仅可以和环境融为一体，不容易被捕食者发现，还可以反射灼热的阳光，让它们白天能活动较长的时间。

白色而坚硬的前翅，保护着藏在下面的纤弱的后翅。

延长的足部可以增加与沙地的接触面积，从而避免陷进沙子里。

6只眼

　　大多数蜘蛛都长着8只眼睛，但也有一些例外，刺客蛛科的蜘蛛就只有6只眼睛。阿氏六目蛛是一种生活在沙地里的刺客蛛，它们布满绒毛的身体能将沙子粘在身上作为伪装。刺客蛛的毒性很强，它们通常藏在沙子里伏击猎物。

水生昆虫

下次你路过一个池塘或一条小溪时，不妨凑近观察一番，但要注意安全哟！很多昆虫都在水中生活，有的漂浮在水面上，有的在水中游来游去，还有的成虫并非水生，但幼虫阶段是在水中度过的。

这是雄性成虫，鞘翅光滑闪亮，而雌性成虫的鞘翅上有很多小凹槽。

可怕的水下杀手

以凶猛著称的黄缘龙虱生活在池塘里，它们长着强劲有力的颚，成虫和幼虫都是肉食性动物，以小鱼、蝌蚪及其他水生昆虫为食。它们会咬人，千万不要靠近。

龙虱的鞘翅下方有储气囊。

后足上长有许多刚毛，在水中张开就像桨一样，能高效地划水。

鞘翅非常坚硬，能保护后翅和身体。

前足有钩爪，能抓紧猎物以防逃脱。

蜻蜓宝宝

蜻蜓的稚虫叫作水虿（chài），它们从卵壳中孵化出来以后，会在水中生活数年，长到足够大后才沿水草爬出水面，蜕皮羽化为成虫。要小心，它们也会咬人！

舀小虫

　　找一个池塘或一条小溪，把一个捕虫网轻轻地伸到水里，然后保持不动，静静地等着。看到有昆虫进入网兜内，再轻轻地把网捞出水面。用桶就地取一些水，把捕虫网的网兜在桶里翻个面，将昆虫放进桶里。

 在水边的时候千万要小心，别失足滑进水里。

身体和尾巴上的刚毛能挂住气泡，供幼虫呼吸。

龙虱幼虫

　　龙虱的幼虫俗称水虎，它们既可以沿着水底爬行，又可以用长有刚毛的腿划水游泳。它们的尾部有长长的呼吸管，就像我们浮潜时用的面具通气管一样，能伸出水面，进行空气交换。

水虎和它们的父母龙虱一样，都是凶猛的猎手。

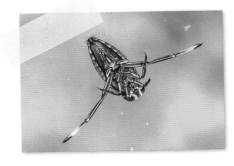

仰面朝上

　　这种仰蝽喜欢用背面向下，腹面向上的姿势在水中生活。它们布满刚毛的腿可以像船桨一样，伸入水中划动前行。仰蝽也是会咬人的，小心不要被它们咬伤手指。

水虎长着巨大且锋利的中空上颚，能刺进蝌蚪、小青蛙或小鱼等猎物的体内，将消化液注入其中。

157

热带昆虫

　　热带地区生活着数十万种不同的昆虫，它们喜欢温暖、潮湿的环境，热带雨林更是堪称虫子的天堂。这里生长着无数植物，动物们可以吃植物的各个部分，也可以藏在植被里来躲避危险，植食性和肉食性的虫子在这里都如鱼得水。在热带雨林里，你还有可能发现一些体形硕大、色彩斑斓、奇形怪状的虫子。

光芒闪烁

　　生活在澳大利亚的银板蛛，腹部像镶嵌了宝石一样，有很多能反射光线的银色斑点。在雨林里，这是一种极佳的伪装手段，闪闪发光的银板蛛看起来就像阳光下的雨滴。

长长的腿和弯钩状的爪，能牢牢地抓住树叶的边缘。

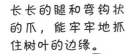

跳跳虫

　　紫茎甲有着又长又粗壮的后足，像青蛙的腿一样。它们能紧紧抓住叶片，把自己固定在植株上。

后足平时弯曲着，"大腿"和"小腿"折叠在一起。

和手掌一样大

伸出你的手，用尺子量一量，看看10厘米有多长，这就是大王花金龟的尺寸，它们原产于非洲的热带地区。再掂一掂中等大小的苹果有多重，大王花金龟重达100克，和这样的苹果差不多重。

大王花金龟

眼纹

突然惊吓

很多种蜡蝉的后翅上都有鲜明的图案，平时用颜色灰暗的前翅盖着，一旦受到威胁，它们就会突然张开翅膀，用后翅上的图案吓退敌人。这种蜡蝉后翅上有像猫头鹰眼睛一样的斑纹，只要突然亮出来，就能吓退很多想要吃它的小鸟。

兰花螳螂长着尖角形状的眼睛。

多用途伪装

兰花螳螂看起来和兰花一样，它们也确实喜欢待在兰花上，一动不动地守株待兔，当以花蜜和花粉为食的虫子前来觅食时，它们就会突然出击，用前足抓住虫子，将其吃掉。这种伪装除了能迷惑猎物外，还能骗过天敌，让鸟儿、蜥蜴等捕食者很难发现它们。

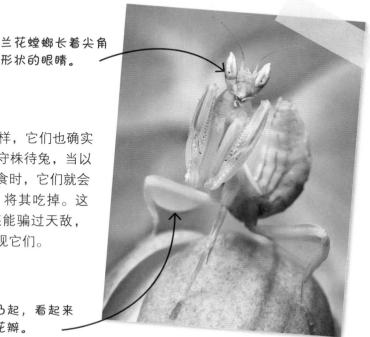

腿上的片状凸起，看起来就像兰花的花瓣。

蝴蝶与蛾子

Butterflies and Moths

蝴蝶与蛾子

　　公园里、花园中或者任何有野花的地方，你都能看到蝴蝶或蛾子在飞来飞去。五彩缤纷的花朵，能吸引很多蝴蝶前来驻足或吸食花蜜。夜晚时分，你也能看到很多蛾子绕着路灯飞个不停。蝴蝶身上的色彩相对于蛾子来说，更加五彩斑斓，识别起来也更加容易。蛾子身上的花纹比较暗淡一些，而且它们多数在夜晚出没，因此不太容易被看到。

漂亮的蝴蝶

　　试试看，你能从蝴蝶的翅膀上发现多少种不同的颜色。仔细观察蝴蝶的翅膀，你会发现背面的颜色通常和正面的颜色不一样。从橙色翅膀上带有黑白斑点可以确认，下图所示的这只蝴蝶是小红蛱蝶。

找一找正在蓟科植物的花上吸食花蜜的小红蛱蝶。

与其他的昆虫一样，蝴蝶也是通过身体上的气孔来呼吸的。

做笔记

当你观察蝴蝶或蛾子时，不妨画一张速写。首先，画出蝴蝶或蛾子的轮廓，然后根据它们的样子涂上不同的颜色。你可以记录下是在何时、何地完成这张速写的，也可以记录下任何能帮助你记住它们的信息。

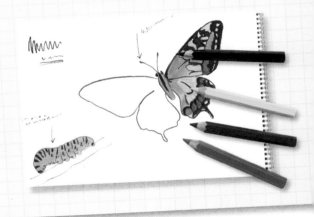

橙色的翅膀和上面黑色的花纹，让这只蛾子很容易就被辨别出来。

夜行者

大多数蛾子都在夜间活动，当然，白天时你也能在墙壁、栅栏或树干上发现它们的身影。大多数蛾子的体色都比较暗淡，但红裙灯蛾的体色很鲜艳，它们前翅上的花纹很像老虎身上的斑纹。

近距离观察

在观察蝴蝶、蛾子，以及它们幼年时期，也就是毛虫阶段的细节时，放大镜是一个极好的帮手，它可以把实物放大数倍，让你清晰地观察到细节。如果你想把一条毛虫从叶片上拿起来进一步观察，一定要用刷子将它轻轻扫下来，这样就能避免因手指过度用力而误伤它。

 在太阳底下使用放大镜时，一定要格外小心，避免因光线聚焦而引发火灾。

如何辨别？

虽然不像蚂蚁或甲虫那样爬行，但蝴蝶与蛾子同属昆虫纲的鳞翅目。也就是说，它们的翅膀上覆盖有鳞片。大多数蝴蝶都是五彩斑斓的，但蛾子的体色通常比较暗淡，它们的身体表面通常都有一层密密的绒毛，以及羽毛状的触角（或触须）。与之相反，蝴蝶的触角又细又长。

身体的组成部分

和所有的昆虫一样，蝴蝶与蛾子也有3对足和3个主要的身体部分：头部、胸部和腹部。它们还有两对很大的翅膀、一对触角和眼睛。

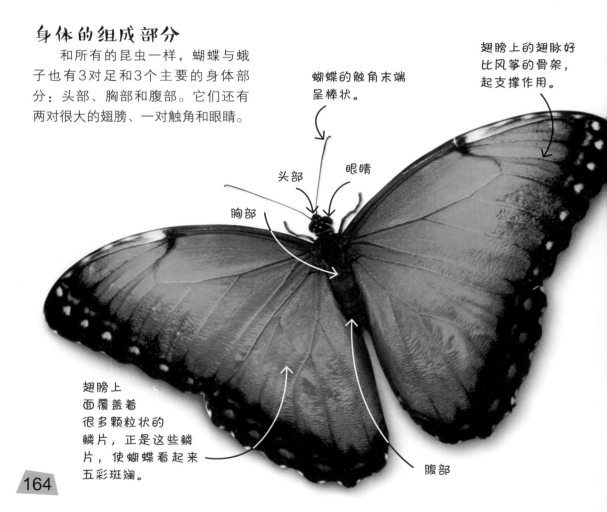

蝴蝶的触角末端呈棒状。

翅膀上的翅脉好比风筝的骨架，起支撑作用。

头部

眼睛

胸部

翅膀上面覆盖着很多颗粒状的鳞片，正是这些鳞片，使蝴蝶看起来五彩斑斓。

腹部

在叶片上休息

许多蛾子不仅体形短粗，就连翅膀也是又短又小的。当蛾子休息的时候，它们通常会将翅膀平展于背部，前翅盖在后翅上。

你能在这只银纹夜蛾的翅膀上，找到"Y"字形的标志吗？

前翅

后翅

休息一下

就像左图所示的这只黄钩蛱蝶一样，蝴蝶休息时会将大大的翅膀合在一起并与身体保持垂直状态。在风和日丽的天气里，你可以试着找一找用这种姿势休息的蝴蝶。

体形和体色能够帮助蝴蝶与周围环境完美地融合在一起。

飞行前先"热身"

在飞行之前，蝴蝶与蛾子必须先让自己暖和起来。白天时，它们可以通过晒太阳来获取热量。而在夜间活动时，则需要扇动翅膀让身体热起来。

惊艳的翅膀

蝴蝶与蛾子拥有一个其他昆虫所没有的特征——布满鳞片的翅膀。数以千计的细微鳞片精致地散布在翅面上，让翅膀看起来五彩缤纷。翅膀上的颜色还有一个神圣的使命，那就是帮助蝴蝶与蛾子防御敌人和吸引配偶。一些蝴蝶的翅膀十分鲜艳，危险来临之际可以震慑捕食者，从而让自己逃脱。

漂亮的斑纹

一些蝴蝶的翅膀正面是比较单调的棕褐色，但不妨观察一下翅膀的背面，说不定会看到一些很漂亮的蕾丝斑纹。

闪现颜色

在不被打扰的情况下，杨裳夜蛾斑驳的前翅能帮助它们很好地融入周围的环境。然而，它们一旦感受到威胁，就会迅速移开前翅，露出后翅上具有警告作用的鲜亮红色。

找找看，你能一眼发现正在树上休息的杨裳夜蛾吗？

这只蛾子露出后翅上鲜红的斑纹，趁捕食者还在"蒙圈"时迅速逃之夭夭。

鳞片浴

　　每当蝴蝶或蛾子振翅时，翅膀上的鳞片就会掉落一些，好似落尘从天而降。当它们越来越衰老时，掉落的鳞片也就越来越多，逐渐失去起保护作用的色彩和斑纹。

4只"眼睛"

　　很多蝴蝶与蛾子通过翅膀来传递信息。孔雀蛱蝶的翅膀上有4个巨大的圆形斑纹，就像眼睛一样，可以将鸟儿和蜥蜴吓跑。这些明亮的斑纹和"眼睛"，都是由翅膀上数以千计的鳞片组成的。

如果凑近看，很容易就看到翅膀上一排排堆叠起来的鳞片。

"眼睛"由一圈圈不同颜色的鳞片构成。

这些绚丽的鳞片在太阳光下会褪色，所以夏天快要结束的时候，这只蝴蝶看起来就不会这么亮丽了。

制作风筝

蝴蝶与蛾子的翅膀看起来非常轻薄和脆弱，但事实上，它们比你想的要坚韧许多。各个翅脉之间构成的网状结构为翅膀提供了支撑，其作用就好比风筝的骨架。你可以自己动手制作一个蝴蝶风筝或蛾子风筝，然后用不同的颜色装点翅膀。你需要用到的工具和材料包括：纸、剪刀、胶水、彩笔、纸管和线。

很多蛾子都有比较修长的前翅，这可以帮助它们轻松地滑行。

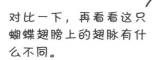

对比一下，再看看这只蝴蝶翅膀上的翅脉有什么不同。

中国的风筝

很多蝴蝶都有着巨大且亮丽的翅膀。几千年前，这些蝴蝶所体现出来的美丽与优雅，为中国当时的风筝艺人提供了很多创作灵感。

窄斑翠凤蝶

翅脉图案

蝴蝶与蛾子的翅膀上有着不同的脉纹图案，这有助于科学家辨别它们。翅脉可以让翅膀变得坚硬，从而帮助它们保持最佳的飞行姿态。

怎样做风筝?

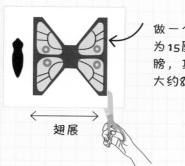

做一个长宽均为15厘米的翅膀，身体长度大约8厘米。

翅展

剪两段长为3厘米的线作为触角。

1.先在一张纸上画出蝴蝶身体和翅膀的轮廓，然后在翅膀上画出亮丽缤纷的花纹。如果你用的是比较薄的纸，那么画出来的花纹在纸的两面都可以看到。

2.小心地剪下制作好的翅膀和身体，尽量使翅膀保持对称。用胶水将身体粘到两片翅膀的中间，再将触角粘到头部。

3.把两个纸管交叉粘在翅膀上，这样就形成了一个"X"形结构。剪一段长约50厘米的线穿过翅膀，然后将线绕着纸管牢牢地系起来，并打一个结来固定住。

现在，你的风筝就可以放飞了。一边握住线一边奔跑，让你的蝴蝶风筝冲上天空吧！

振翅与滑翔

因为蝴蝶与蛾子翅膀的形状不同，所以飞行时的姿态也会有所不同。如果翅膀又长又尖，那么它们就可以快速且笔直地飞行；如果翅膀又大又宽，那么飞行就主要依靠滑翔了。一些蝴蝶是借着气流滑翔的，只需扇动一下翅膀，它们就能在空中滑行很长时间。

雌性蝴蝶快速地扇动翅膀，试图将雄性蝴蝶远远地甩在后面。

雄性蝴蝶向上挥动翅膀，将周围的空气向后推开，这样它就可以前进了。

转圈圈

如果你在一处林中空地看到一只蝴蝶在绕着另一只蝴蝶飞行，那么它们很有可能是一对绿豹蛱蝶。雄性蝴蝶从雌性蝴蝶的下方飞过，以便让自己的气味传到雌性蝴蝶的触角上。这些气味最终可以引诱雌性蝴蝶与之进行交配。

缓着陆

蝴蝶的翅膀打开呈降落伞状，这样就可以慢慢下降并安全着陆。

疾速飞行

　　战斗机的双翼看起来就像某些蛾子的翅膀，两者看起来都是又长又尖并指向后方，这有助于它们快速飞行。左图所示的鬼脸天蛾，就是世界上飞行速度最快的蛾子之一。

翅膀向下挥动，带动蝴蝶向上移动。

扇动翅膀，雄性蝴蝶会再次飞向雌性蝴蝶的下方。

一只受到惊吓的蝴蝶或蛾子，它的飞行速度可达48千米/时。

为光而战

　　帕眼蝶喜欢待在林地中有阳光照射的地方，如果另外一只蝴蝶误闯了它的"领地"，那么这两只蝴蝶就会为光而战，开始不停地转圈圈并多次冲撞对方。争斗一般不会持续很长时间，通常都是以最先进入该"领地"的蝴蝶获胜而收尾。

眼睛与视力

　　蝴蝶与蛾子可不是只有两只眼睛，而是拥有几千只眼睛。每一只大眼——我们通常称为复眼，都是由数量可观的小眼组成的，每一只小眼看到的都是正对着它的景象。组合起来，它们就能看到一张周围环境的全景图了。

复眼

　　复眼能让昆虫看到周围360°的景象。试着悄悄接近一只蝴蝶，你一定会被它发现你并飞快逃跑的速度所折服，这一切都得益于它的复眼。

放大视角下的复眼

每只小眼都有光洁的表面，使得光线可以进入。

小眼

　　昆虫的每只小眼都能捕捉周围的信息，并形成一幅小的图像，大脑会再将这些小图整合成一幅完整的图像。

灯光有风险，追光需谨慎

夜间，你可以在窗户和路灯周围发现很多活动的蛾子，它们会被明亮的灯光吸引而来，但这也让它们成为蝙蝠的捕食目标。蝙蝠会径直冲过来，毫不客气地将蛾子收入腹中。

伪瞳

看不见的光

阳光中有一种人类的眼睛无法看到的光线，叫作紫外线。虽然人们无法看到紫外线，但是蝴蝶与蛾子可以看到。一些花的花瓣上有紫外线，可以引诱蝴蝶与蛾子前来吸蜜，从而为它们传粉，如小白屈菜。

斑驳的眼睛

蝴蝶与蛾子的眼睛里，通常会有一个黑色的小斑点，叫作伪瞳。目前，人们还不清楚伪瞳的作用。但当蝴蝶与蛾子死后，伪瞳也会消失。除此之外，复眼的颜色也在它们死去之后逐渐暗淡，变成灰黑色，远没有它们活着时那么鲜亮。

在普通光下拍摄的花

在紫外线下拍摄的花

173

嗅觉与味觉

　　虽然蝴蝶与蛾子没有和人类一样的鼻子，但是它们有一套神奇的嗅觉感官，可以通过触角探测香味，有时甚至能感受到3千米之外的气味。大多数蝴蝶与蛾子都有一条长长的喙，用来吸食花蜜或其他含有糖分的液体。你不妨观察一下，看看它们是如何在花朵周围飞舞并进食的。特别是在风和日丽的天气中，蝴蝶与蛾子会十分活跃，常驻足于花园或郊外的花丛中取食花蜜。

触角分为很多段。

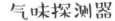

气味探测器

　　蝴蝶用长长的触角来探测花朵或其他的蝴蝶，每一根触角都有上千个小孔用来吸收气味。

蝴蝶的喙平时处于卷曲状态，吃东西的时候则会将喙弹出。

长长的"吸管"

　　蝴蝶的喙就像吸管一样，当它们需要吸食花朵顶端的花蜜时，就会把喙伸展开来。

引蛾入"洞"

　　糖所散发出来的香甜气味，会引诱蛾子前来觅食。你可以在水中加入一点儿糖浆或蜂蜜，做成黏糊糊的糖水，并将其涂在树干或者栅栏上，等待蛾子前来吸食。

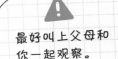

最好叫上父母和你一起观察。

1.夏天的黄昏之时，用小刷子将制作好的糖水涂抹在树干的表面。

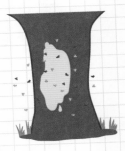

2.每过半个小时就用手电筒照一下，看看有没有蛾子被吸引过来。盗蚁和一些甲虫也会被糖水吸引而来。

畅饮一番

　　蝴蝶可以在各种地方吸水，没准儿在水坑或者泥地附近，你就能发现正在开怀畅饮的蝴蝶。左图所示的这只蝴蝶，正在吸食从树干里渗出的树液。

超长的喙

　　右图所示的这只非洲长喙天蛾的喙长到令人难以置信，甚至比它的身体还要长。这个长度恰好可以让它的喙伸进花中，尽情地吸吮花蜜。

生物学家查尔斯·达尔文认为，必定存在一种花管很长的花，以匹配长喙天蛾极长的喙。事实证明，他是对的！

看看腿部

　　和其他昆虫一样，蝴蝶与蛾子的胸部也长着3对足。每一条腿都分为4个不同的部分，每个部分都被转节连在一起，从而让它们做出简单的动作，如走路或者在叶片和花上着陆。一旦它们落下，就会用足尖来识别叶片的种类。很多蝴蝶与蛾子的足上还有倒刺结构，起到一定的防御作用。足对于它们来说非常重要，不仅可以在休息的时候抓牢攀爬物，还可以用来识别花和叶片的种类。

休息的时候，它一动不动，将自己伪装成一片枯叶。

尖锐的刺

　　目天蛾6条腿的下方都有细小、呈倒钩状的刺。当被敌人攻击时，它们就会用这些刺来反击。

粗壮的股节

转节

腿的外壳

　　寻找一下毛虫身体前端的3对足。这些足在毛虫变成蝴蝶或蛾子的时候，会发育成真正的腿。成虫腿部的肌肉包裹在坚实的外壳中，这层外壳叫作外骨骼。腿的末端长有爪子，用于抓牢树枝。

胫节上长有很多毛和刺。

愉快地着陆

蛾子在着陆的时候，通常6条腿都会用到。然而，世界上将近半数的蝴蝶，着陆时只会用到其中的4条腿。有些蝴蝶的前足非常柔弱，它们会缩起来叠放在头部的下方。

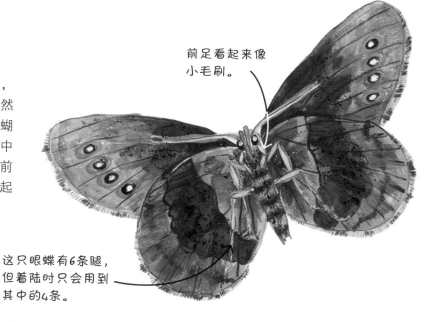

前足看起来像小毛刷。

这只眼蝶有6条腿，但着陆时只会用到其中的4条。

保持清洁

蛾子必须让触角时刻保持良好的状态，才能有效地探测气味。左图所示的这只蛾子正在清洁触角。每一根触角上都有许许多多的小空隙，用来收集和感知花粉。它们腿上坚硬的刺和毛，其作用相当于梳子，可以将触角上的花粉都清理掉。

识别测试

很多蝴蝶与蛾子的足尖，都有特殊的细胞用来识别叶片。它们只需要在叶片上待几秒钟，足尖就可以判别出这是什么植物。如果这片叶子通过了识别测试，它们就会在上面产卵。

聚在一起

　　你见过一对蝴蝶或蛾子互相绕着飞舞吗？这样的飞行方式，可以让它们闻到对方身上一种叫作信息素的特殊气味。它们可以通过这种气味识别同类，并寻找到合适的配偶。如果彼此之间的气味匹配，那么这对蝴蝶或蛾子就会进行交配。这种寻觅配偶的行为叫作求偶。 蝴蝶与蛾子的求偶过程，往往会持续几分钟到几个小时不等，有的雄性还拥有自己的领地，并会赶走任何试图闯入这片区域的竞争者。

泥地吸水

　　雄性蝴蝶会聚集在河畔一同吸水，这些地方的水富含无机盐，可以让它们产生特殊的气味，以此来吸引异性。

信息素通常是由翅膀上细小的鳞片散发出来的。

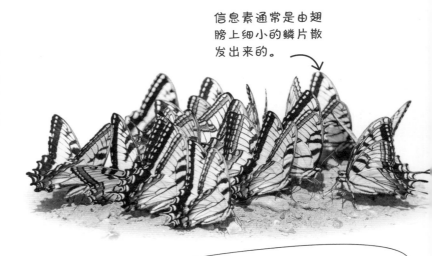

一些雄性蛾子有着巨大的羽毛状触角，可以帮助它们闻到5千米之外雌性蛾子的气味。

在炎热的天气里，我们很容易见到蝴蝶聚集在泥地上一起吸水。

我在这儿

　　雄性蛾子通过一些毛束来散发气味，这些毛束笔直地长在体表，信息素就是通过毛束散播在空气中并随风扩散的。这样一来，雌性蛾子就能闻到雄性蛾子散发出的气味了。

喜结连理

　　这两只蝴蝶正在交配，它们会在较为安全的灌木丛中一起待上好几个小时。交配结束后，雄性蝴蝶就会飞走，而雌性蝴蝶则留下来产卵。

这只雌性蝴蝶的翅膀上有特殊的花纹和颜色，可以用来吸引雄性蝴蝶。

雄性蝴蝶有一对抱器，可以抱住雌性蝴蝶的腹部末端。

在空中飞舞

　　在温暖的夏日里，空中经常有互相绕着飞舞的蝴蝶。一对正在求偶的蝴蝶会一起翩翩起舞，持续的时间通常超过一个小时。

卵的故事

蝴蝶与蛾子的卵形状不同，大小不一。对于它们来说，卵是生命的第一步。雌性的蝴蝶与蛾子会将卵产在选好的植物上或植物的附近，这样毛虫出生后就可以以这些植物为食。不同的蝴蝶与蛾子，它们的幼虫吃的植物也不一样。有的一生只吃一种叶片，而有的则不挑食，甚至可以取食十几种植物的叶片。

生命周期

蝴蝶与蛾子的整个生命周期包括4个步骤。从卵开始，然后孵化为毛虫，毛虫充分生长之后化为蛹，最后羽化为成虫。生长过程中的不同变化，叫作完全变态。

雌性蛾子将腹部弯曲起来，以便将每一枚卵都产在合适的位置上。

产卵

马达加斯加金天蚕蛾产卵时，会将卵都粘在茎秆上以防掉落。有些种类的蛾子在产卵的时候，会排出一些特殊的毛覆盖在卵的表面，以确保卵不会被蚂蚁攻击或吃掉。

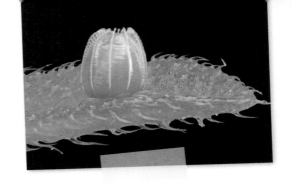

卵的鉴别

　　许多蝴蝶与蛾子每次可以产下1000多枚卵，而优红蛱蝶每次只会在荨麻叶上产下1枚卵。你可以从外壳表面环绕的8~10条棱线鉴别出，这是优红蛱蝶的卵。

这一小堆卵会孵化出数条毛虫，毛虫们会一点儿一点儿地啃食这片叶子，以此来维持生命。

寻找卵

　　试着在叶片、细枝或者嫩芽的附近寻找卵，它们通常会藏在叶的背面，颜色也和所待的叶片几乎一致。因此，找的时候需要格外仔细。

从天而降的卵

　　有些种类的蝴蝶在飞过草地时，会将它们产的卵抛下，于是这些卵就紧紧地贴在草地上。幸运的是，孵化出来的毛虫很乐意以草为食。

雌性欧洲白眼蝶在经过草地的时候会选择低飞，这样它们的卵就可以精准地落在草地上了。

是卵还是植物？

　　黄褐天幕毛虫喜欢绕着树枝产卵，以达到伪装的目的，让其他昆虫或蜘蛛误以为这些卵只是植物的一部分。

毛虫的降生

从出生的那一刻开始，毛虫的成长就始终与危险相伴。它们只有几分钟的时间从卵壳里爬出来，然后就要学会从捕食者的追杀中逃脱。一旦安全地躲藏起来，毛虫就开始不停歇地进食。如果优红蛱蝶的毛虫足够幸运，那么它们在变成蝴蝶之前能存活将近一个月。

会被"刺痛"的卵

寻找并观察那些在荨麻叶附近活动的优红蛱蝶，它们会把每一枚卵都产在荨麻叶的顶端。

准备孵化

起初，这枚翠绿色的卵中充满了液体，看上去就像洗手液一样。一条细小的毛虫，正在这些液体中发育。大约7天以后，卵的颜色就会开始变黑，这说明毛虫准备要孵化了。

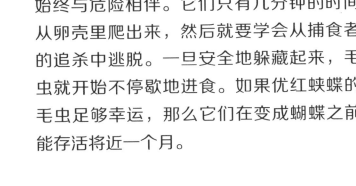

在卵壳里的时候，毛虫的身体蜷曲着。

因为毛虫的种类不同，所以它们的生长期从数日到数年不等。

卵壳表面的棱线，能帮助卵保持一定的形状不变。

破卵而出

这条细小的毛虫已经发育出了坚硬的颚，它会在卵的顶端咬出一个圆洞，然后休息一会儿。你可以看到，毛虫正在从卵的顶端伸出它那黑色且多毛的头。

初次面世

可能在卵中蜷曲着身子待了太长的时间，新生的毛虫会迫不及待地想从卵壳中钻出来。这是它第一次在卵壳以外的世界，将自己的身子伸展开来。

此时的卵壳已经变得透明了，你能看到壳上起支撑作用的棱线吗？

绿色的屏障

毛虫孵化之后，会尽快用身体分泌的丝线，将叶片的两边拉向一起并卷起来。这个简易的庇护所，可以帮助毛虫躲起来以免被捕食者发现。藏好之后，毛虫就可以开始吃它的第一顿荨麻叶大餐了。

荨麻叶里包含了毛虫生长，甚至最后变为成虫所必需的营养物质。

露营的毛虫

在花园里找一找将叶片卷起来搭成的"帐篷"，你很有可能在里面发现一只优红蛱蝶的毛虫。毛虫几乎一生都待在这种"帐篷"里，在这期间，它会通过4次蜕皮逐渐长大。

183

聪明的毛虫

很多鸟类、蜥蜴和哺乳动物都喜欢以毛虫为食，所以毛虫必须学会各种各样的自保方法。有些毛虫会把自己伪装成蛇的样子，或者露出一双吓人的大眼睛；有些毛虫会突然对着捕食者的面部，喷射出非常难闻的气味。幼虫身上所具备的这些防御方式，能够很好地保护它们柔弱的身躯，从而增加生存的机会。尽管如此，能顺利生长为成虫的幼虫还是寥寥无几。

一条"小蛇"

有的毛虫会将自己身体的前端鼓起来，并露出身上的假眼，让鸟类误以为看到的是一条蛇从而退避三舍。

有角的虫

如果你认为只有大型动物才有角，那不妨看看它——乌夜蛾的幼虫。它头部的角和又长又尖的毛刺，能够警告捕食者：下嘴之前想清楚，别怪我没提醒你！

头部两侧简单的眼睛，能帮它分辨周围光线的明暗。

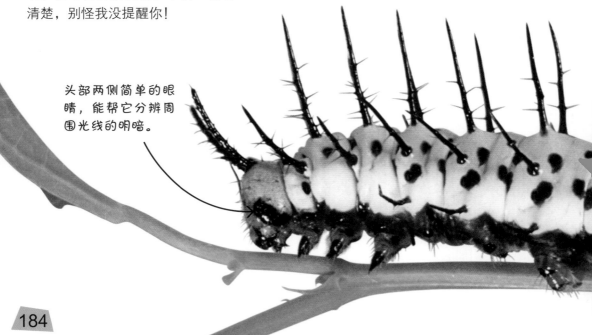

请勿打扰

当被惊扰的时候，这些毛虫会对着空气扭动它们的身体。如果一群毛虫一起迅速地做这种动作的话，鸟类和蜥蜴就会被吓到。

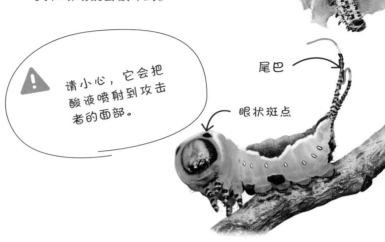

⚠ 请小心，它会把酸液喷射到攻击者的面部。

尾巴

眼状斑点

环形前进

这些毛虫叫作尺蠖（huò），它们的移动方式非常有趣。尺蠖会先固定住后面的腿，然后将身体的前端尽可能地向前移动。接下来，它们的腹部顺势向前移动，让身体弯曲成一个环形。春天时，你可以试着在细枝或叶片附近找找尺蠖。

凶狠的面相

当感受到危险的时候，黑带二尾舟蛾会闪现出面部鲜艳的红斑，并使劲地晃动尾巴。

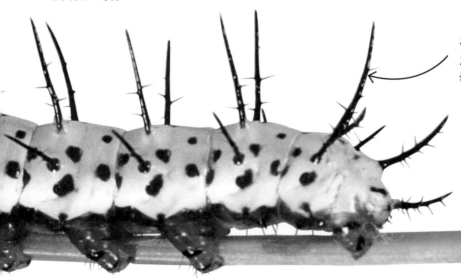

有毒且尖利的角，足以让捕食者敬而远之。

伪装大师

　　毛虫可以通过模拟某种东西的形态成功隐身。比如，一些毛虫通过模仿食物的颜色、枝条的形状或者鸟粪的外形，完美地躲过捕食者的眼睛，让它们误以为这里没有美食。像毛虫这样与所处环境融为一体的行为，通常叫作伪装。有些幼虫身体的颜色不仅能根据环境的变化而改变，身上还长出了各种奇奇怪怪的突起，使自己看起来更不像是虫子。

割裂

　　你能清楚地看到左图所示的这只毛虫身上的线条，是如何将它的身体轮廓分隔开的。毛虫把自己巧妙地与周围环境融为一体，这样就可以安心进食了。

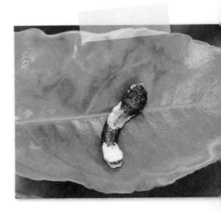

夏天的时候，你可以试着找一找正在取食叶片的红节松天蛾幼虫。

是或不是？

　　上图所示的这只颜色分明的珀凤蝶幼虫，看起来就像一堆鸟粪。试想一下，哪只饥饿的鸟儿会有兴趣咬它一口呢？

伪装成树枝

桦尺蠖的幼虫看起来非常像树枝，身体中部没有腿，让它们看起来更像一截树枝了。这些幼虫可以保持同样的姿势静止很长时间，即便是最顶尖的捕食者，也很难一眼就辨认出来。

努力生存

能分泌毒素的欧洲粉蝶幼虫根本不需要躲藏，捕食者会主动远离它们。然而，相对来说比较可口的菜粉蝶幼虫要想生存下来，就必须努力伪装自己了。

刚开始生长的时候，在甘蓝上取食的菜粉蝶幼虫是很难被发现的。

混搭与匹配

毛虫身上有很多种颜色，而且这些颜色会随着毛虫的生长而不断变化。先画出一只毛虫的轮廓，然后涂上黄色，再加上一些蓝色。现在，你笔下的毛虫是什么样子的呢？

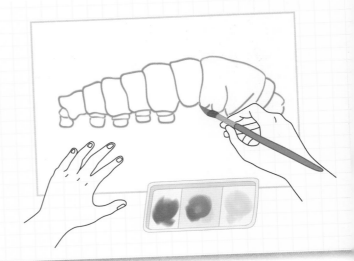

进食机器

你见过一条毛虫在叶片上不停地大嚼特嚼吗？不要感到意外，毛虫仅仅在几周内就能使自己的体重增长数百倍。细小的毛虫一旦从卵壳中孵化出来，就会开始漫长且不间断的进食之路。大多数毛虫的一生十分短暂，它们只有一个目标，那就是尽可能地进食，让自己飞快生长，早日羽化为成虫。

毛虫的颚就是为切碎叶片而生的。

开始进食

毛虫用足抓住叶片，然后开始进食。通常来说，它们总是处于饥饿状态，毛虫吃得越多就长得越大。

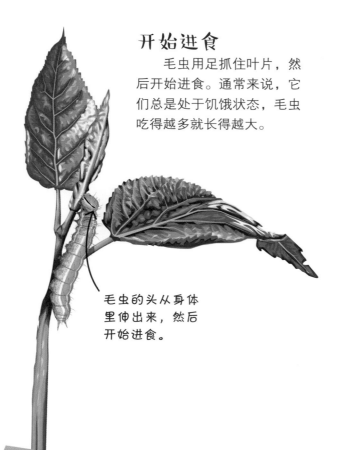

毛虫的头从身体里伸出来，然后开始进食。

毛虫将自己伪装成一片叶子，以此来骗过捕食者。

继续享用

毛虫在吃完一片叶子后，会转战另外一片，它会优先吃叶片最鲜嫩多汁的部分。

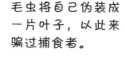

制作毛虫餐厅

参照毛虫在野外取食和生活的环境，你可以剪下一些它们的寄主植物，然后和毛虫一起放在柔软的纱网内进行饲养。你需要准备的工具和材料包括：纱网、针线、绳子和剪刀。

使用剪刀的时候，最好叫大人帮你。

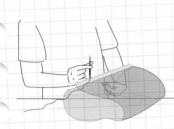

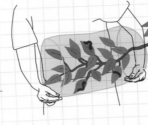

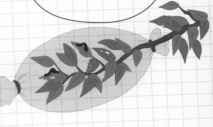

1.找到一块长方形的纱网，将它的两个长边缝起来。

2.将一根有幼虫正在进食的植物枝条，小心地放入纱网内，然后把纱网的两头系起来封上。

3.每天检查一下毛虫的食量，以及它们长大了多少。一根枝条上的叶片被全部吃完后，再将毛虫放到新的枝条上，注意要放正确的寄主植物。

都吃完之后

毛虫几乎把这片叶子也吃完了。如果这棵幼苗上的叶片已经不够吃了，它就会转移到另一棵幼苗上继续进食。

没有什么是安全的

毛虫并不只在花园中寻觅食物，有些蛾子的幼虫还会啃食树皮、棉花，以及房间内的各种碎屑，甚至会啃食羽毛和皮草。

蜕皮生长

蝴蝶与蛾子一生要经历4个生长阶段，第3个阶段叫作蛹期或者化蛹，化蛹就是幼虫向成虫转变的阶段。毛虫在生长的过程中要蜕皮4~5次，当进食量已经足够多的时候，它们就会通过最后一次蜕皮化为蛹。之后，蝴蝶或蛾子就在这个世界上出现了。不同的蝴蝶与蛾子，蜕皮生长的时间也大不相同，有的甚至需要保持幼虫或蛹的形态来度过漫长的冬季，等到来年天气变暖时再羽化。

像一片叶子

乍一看，很多人会以为这是一片老朽且布满"皱纹"的叶子，但它其实是一个悬挂在枝条上的黄钩蛱蝶的蛹。蛹上有会反光的银色斑点，这使得里面看起来空荡荡的。

从外面看，蛹非常安静，但里面正发生着翻天覆地的变化。

很多蛾子的幼虫会吐丝，然后编织一个丝质的壳以保护蛹不受攻击，也就是茧。很多捕食者都没有办法把茧弄破。

来找找蛹

我们在叶片、枝条、树皮上，甚至地下都有可能发现蛹的踪迹。毛虫从树上爬到地面，扭动身体钻进土里，然后为自己挖出一个小小的洞，这样就可以在里面化蛹了。

裂开外皮

金凤蝶的幼虫找到一处适合化蛹的地方后，会先用后足抓牢，然后吐出丝固定住身体。在幼虫花费数小时进行最后一次蜕皮的过程中，这些坚韧的丝起到了支撑的作用。

这些丝质的线称为缢（yì）线，能环绕缠住毛虫的身体。

当蛹在旧表皮下面开始形成时，幼虫会蜷缩并收紧自己的身体。

一旦蛹的外壳接触到空气后，就会逐渐变硬。

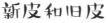

后足紧紧抓住树枝。

新皮和旧皮

毛虫通过扭动身体来钻出旧表皮。新的一层表皮形成蛹后，毛虫的旧表皮就会一直滑落到最下面。

空的毛虫旧表皮

你看到翅膀了吗？它正在发育成形。

最终成形

根据周围的环境，金凤蝶的蛹既可以是绿色的，也可以是褐色的。这个蛹看起来就像从枝条上伸出的一片绿叶。继续往下读，看看从蛹里羽化出来的蝴蝶是什么样子的吧。

完美的昆虫

蝴蝶与蛾子变态发育的最后一步，是极其激动人心的。从蛹中羽化出来的成虫和变成蛹之前的毛虫是完全不一样的，它们在蛹里面发生了一个质的转变。仔细观察一个即将羽化的蛹，接下来发生的事情绝对不会让你失望。很难想象那些不停吃东西的肥胖幼虫，竟然会羽化成如此美丽的生物，令人不得不感叹大自然的神奇魔力。

羽化时刻

蛹上出现的裂口，就是即将进行羽化的信号。蝴蝶的触角和腿先从裂口处伸出来，然后身体的其他部分也随之出来。羽化的过程可能会持续十几分钟到数小时不等，对于蛹壳中的生命来说，这是最后一道坎。

蛹上的裂口

有时候可以透过快要羽化的蛹，看到里面成形的翅膀。

触角

又皱又软

一旦从蛹壳中出来，身体湿润且柔弱的成虫，会先在蛹壳处找一个地方抓牢，之后便将身体向下悬挂等待晾干。

翅膀是湿润且皱巴的。

张开翅膀

蝴蝶从身体里向翅膀上柔软的翅脉中充血，这可以让翅膀逐渐扩张，最后完全舒展开来。

一旦翅膀全部舒展开，蝴蝶就会不停地开合翅膀，直到彻底晾干。

一场"红雨"

蝴蝶晾干身体以后，体内的废料会以液体的形式喷射出来。部分种类的蝴蝶，如小红蛱蝶排出来的液体是红色的。如果一群这样的蝴蝶在相同的时间里一起羽化，那么看起来就像是下了一场红色的雨。

准备起飞

翅膀完全舒展开大约需要30分钟的时间，但蝴蝶必须要等到翅膀完全变硬才能飞行。大约一个小时以后，蝴蝶就可以起飞去寻找食物了。蝴蝶不吃叶片，它们最爱的食物是花蜜。

丝质的茧

　　和蝴蝶一样，蛾子生命周期的第3个阶段也是蛹。很多蛾子的幼虫在化蛹时，会吐丝结茧来保护自己。家蚕其实一般并不是指家蚕蛾，而是指它们可以结茧的幼虫。生活中，人们通常用蚕丝来制作纤柔的衣服。大多数蝴蝶的幼虫化蛹时并不结茧，但蛾子的幼虫基本都需要结茧。茧通常都是由幼虫身体内分泌的丝织成的，不同种类的蛾子结茧的方式也不一样。

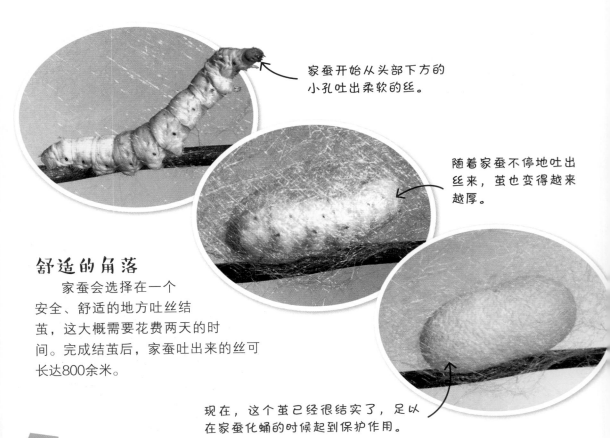

家蚕开始从头部下方的小孔吐出柔软的丝。

随着家蚕不停地吐出丝来，茧也变得越来越厚。

舒适的角落
　　家蚕会选择在一个安全、舒适的地方吐丝结茧，这大概需要花费两天的时间。完成结茧后，家蚕吐出来的丝可长达800余米。

现在，这个茧已经很结实了，足以在家蚕化蛹的时候起到保护作用。

挑食的家伙

家蚕对食物非常挑剔，它们只吃桑叶，甚至有时宁可饿肚子也不吃其他的食物。

柔软但坚韧

家蚕吐的丝可以用来制作降落伞，效果就和那些用蚕丝做的衣服一样棒。

你在野外是找不到家蚕的，它们只会在专门的养殖场中繁殖。

破茧而出

家蚕在蛹中变态发育不久后，就准备羽化了。为了这一步，它们会用体内分泌的一种特殊液体在茧的一端溶解丝，从而制造一个洞口。爬出来后，家蚕蛾会尽可能快地舒展并晾干翅膀。

敏感的羽毛状触角，可以帮助雄性蛾子探测雌性蛾子身上散发出来的特殊气味。

家蚕蛾就是从这个洞口爬出来的。

离我远点儿

蝴蝶与蛾子非常擅长让敌人知道它们的想法：休想拿我当食物！一些饥饿的鸟类、蜘蛛、爬行动物和小型哺乳动物，通常都会被它们具有攻击性的外表吓到。许多蝴蝶与蛾子身上鲜艳的颜色和斑纹，可以警告捕食者离它们远点儿。这些斑纹有多种形式，如豹纹、波浪纹、条纹等。尤其是在热带雨林生活的蝴蝶，翅膀上的花纹更加复杂。

我就静静地盯着你

这只看起来很凶的猫头鹰环蝶，露出了翅膀上巨大的"眼睛"来吓退敌人，这让它看起来不像是一只纤弱的昆虫。这些复杂的斑纹能够将捕食者暂时吓唬住，从而为蝴蝶的逃跑计划争取到宝贵的时间。

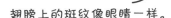
翅膀上的斑纹像眼睛一样。

恶臭无比

当被惊扰的时候，白巢蛾就会装死。如果这种方式不管用的话，它们就会释放出一种恶臭无比的黄色液体。

来找不同

    一些无毒的蝴蝶会模仿那些有毒的同类，以此来自我保护。君主斑蝶身上鲜艳的颜色和斑纹，可以警告鸟类它们是有毒的。无毒的黑条拟斑蛱蝶就是通过模拟君主斑蝶的斑纹，来吓退想吃掉它们的鸟类。毕竟没有哪只鸟儿会冒险去挨个儿尝尝，到底谁才是有毒的。

君主斑蝶身体上的小白点儿能警告捕食者：其实自己非常难吃。

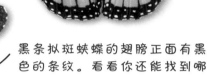

黑条拟斑蛱蝶的翅膀正面有黑色的条纹。看看你还能找到哪些不同点？

抓个现行

    有时候，蝴蝶与蛾子翅膀上的假眼并不能完全保护它们。左图中，这只蝴蝶太沉迷于吸食花蜜了，以至于都没有发现一只蜘蛛正悄然无声地靠近它。

幼虫本身是无毒的，但它们取食的寄主植物有毒，因此幼虫体内也逐渐积累毒素。

蜘蛛

假眼

植物的毒素

    君主斑蝶的幼虫从它们的寄主植物，如一些致命的马利筋属植物中获取并积累毒素。羽化为蝴蝶后，这些毒素依然存在于体内。

捉迷藏

　　并不是所有的蝴蝶与蛾子都用鲜艳的色彩，来警告敌人它们有毒。事实上，绝大多数蛾子和部分蝴蝶的体色是比较暗淡的，因此它们必须寻求别的方法来保护自己。一些成虫通过伪装，使自己达到"隐身"的效果，如将自己的形态、颜色和花纹与树干、叶子或石块融为一体。在热带地区生活的蝴蝶与蛾子，往往翅膀的形状和颜色更加丰富多样，能有效地帮助它们隐匿在危机四伏的丛林中。

树皮模拟者

　　如果不仔细看的话，很难发现下图中的这只蛾子。蛾子在树干上停歇时会非常安全，尤其是一直保持不动的时候。很多蛾子翅膀上都具有类似树皮或者枯叶的纹路用于伪装，一旦静止不动，它们是很难被发现的。

翅膀上的花纹和颜色，使这只蛾子看起来就像是树皮的一部分。

天才伪装者

绝佳的外形和颜色，可以帮助枯叶蛱蝶惟妙惟肖地模仿周围的枯叶。想象一下，鸟儿想要发现它们该有多么困难啊！

这只蝴蝶翅膀上的翅脉，就如同叶子的叶脉一般。

翅膀末端的浅色花纹，让它看起来就像折断的树枝。

蛾子侦探

发现正在伪装的蛾子是一件很困难的事情。然而，如果仔细观察的话，其实也能发现一些蛛丝马迹。在树干或者栅栏上找找那些伪装的蛾子，看看你能够发现多少只，尽量不要惊扰到它们。

一截"树枝"

圆掌舟蛾看起来就像是树上一截折断的树枝，它们静止不动的时间越长，就越能安全地躲过那些正在觅食的敌人。

躲避天气

在寒冷的天气里，你肯定喜欢待在暖和的地方。和你一样，蝴蝶与蛾子也会去避寒，其中一些还会选择冬眠。这就意味着，它们必须要找到一些庇护所，然后整个冬天都待在那里睡觉。还有一些会成群地飞到暖和的地方避寒，这种行为方式叫作迁徙。对于迁徙的蝴蝶来说，这个过程如同一场漫长的马拉松，每一代迁徙的蝴蝶都会顺着上一代的轨迹完成这个壮举，以确保种群得以繁衍生息。蝴蝶迁徙的路程与一些鸟类的相比，可以说是有过之而无不及，甚至能跨越南北半球。

宽大的翅膀可以让君主斑蝶长途飞行，而不会感到疲惫。

君主斑蝶停在花朵上吸食花蜜，以补充能量。

逐日者

君主斑蝶的迁徙壮举，远胜于其他任何一种蝴蝶，数千只君主斑蝶组成的大部队从遥远的北方，如加拿大，浩浩荡荡地一直飞到美国或墨西哥，并在那边的山林里度过冬季。到了来年开春，它们才会回到北方。

这段迁徙之路是由数代君主斑蝶共同完成的，路上不断有一些君主斑蝶掉队，但同时又有新生的个体加入，以确保迁徙队伍的规模。越冬的时候，一棵树上往往会聚集着成千上万只君主斑蝶，场面十分壮观。

成千上万

迁徙中的君主斑蝶，会在高山的松树上休息。有时候，它们会像落雪般密密麻麻地堆叠好几天。如果人在非常寒冷的户外待太长时间的话，有可能会死亡，但蝴蝶血液中有一种特殊的物质，能防止它们因冻僵而死亡。

这些树会被越冬的蝴蝶覆盖好几个月。

 不要去惊扰冬眠中的蝴蝶或蛾子，它们可能会因此而死掉。

飞行行家

小红蛱蝶是世界上最顽强的蝴蝶之一，它们的飞行距离可长达1000千米。

吊着不动

孔雀蛱蝶和荨麻蛱蝶冬眠时，是倒挂着的。它们可以6个月不吃、不喝、不动，直至来年春天。有机会的话，你可以好好观察一下它们。

在花园里

花的香味在白天能吸引很多蝴蝶前来，即便在晚上也能吸引很多蛾子光临。夏天的时候，你能看到毛虫在啃食叶片，蛾子在树皮上休息，蝴蝶在花上晒太阳。到了冬季，它们有的会钻到房子里寻求庇护，等到天气变暖时再出来活动。对于很多蝴蝶与蛾子来说，花园是一个就近最佳居住地，这里栽种的众多植物为它们提供了丰富的食物，人类的设施在无意中也为它们提供了很多躲藏的地方。

小赭弄蝶

如果花园里种了很多色彩鲜艳的花，你也许能看到一些小赭（zhě）弄蝶在花间飞舞。这些蝴蝶休息的时候，前后翅举起的角度是不一样的。

花园访客

黄尺蛾是花园里的常客。白天的时候，它们会躲起来休息；黄昏的时候，它们就会在灯下飞舞。大多数尺蛾身上的颜色都比较鲜亮，它们白天会躲在叶片的背面或石缝中，晚上就会变得活跃起来。

对蛾子来说，这片山楂叶是产卵的极佳地点。

引诱蝴蝶

在花园里种植一些幼虫喜欢吃的植物，可以吸引蝴蝶前来。在阳光能照射到的墙边或角落等地方种植一些荨麻，看看有多少种蝴蝶会被吸引过来。

⚠ 栽种荨麻的时候要戴上手套，如果手不小心碰到它们会很疼。

快速的取食者

红天蛾幼虫在它们不长的一生中，会吃掉大量的叶片和花。它们主要在晚上进食，白天也会吃一些诸如倒挂金钟之类的园艺植物。如果被打扰了，红天蛾幼虫就会鼓胀身体的前端，使自己看起来像个大气球。

破破烂烂

孔雀蛱蝶、优红蛱蝶、荨麻蛱蝶和黄钩蛱蝶，都会把卵产在荨麻叶上。它们的幼虫非常能吃，常常把荨麻叶搞得大窟窿小眼儿、破破烂烂的。

优红蛱蝶正在晒太阳。

203

在林地中

林地是最容易找到蝴蝶与蛾子的地方之一。我们既能在有阳光的空地上看到蝴蝶在花间飞舞，也能在枝条和树杈上看到它们在休息，还能在地面的落叶堆里找到躲藏起来的蛾子。有时候，一些饥饿的蛾子幼虫会啃食大量的树叶，给树木造成一定的危害。林地中各种各样的植物为蝴蝶与蛾子提供了丰富的食物来源，开阔的地带更适合它们开展求偶活动，因此很多蝴蝶与蛾子都会专门飞到这里来觅食或交配。

绿豹蛱蝶正在晒它那布满斑点的橙黄色翅膀。

树的顶端

在炎热的夏季，不妨在橡树周围找找宝绿灰蝶和绿豹蛱蝶。当阳光刺眼的时候，它们会待在树顶的遮阴处；而当阳光刚刚好时，它们会在橡树叶上晒日光浴。

宝绿灰蝶那光彩夺目的翅膀，在阳光下会呈现出不同的颜色。

享受阳光

和大多数蝴蝶一样，黄蜜蛱蝶也很喜欢阳光。阴天时它们几乎不活动，但在阳光明媚的日子里，它们就会到林中空地晒太阳。黄蜜蛱蝶一般在山罗花或车前草上产卵。

悬挂躲难

黄卷蛾的幼虫生活在卷起来的叶片里，当它们感受到附近有蚂蚁时，就会从叶片里爬出来，用一根丝把自己悬挂在叶片边缘并不停地旋转。当周围环境安全后，幼虫再通过丝爬回叶片里，就像登山运动员借助绳子攀岩一样。

跟随队伍

松异舟蛾的幼虫是组队觅食的，前面的毛虫会吐出一条丝，以便后面的毛虫跟着前进。找到食物后，队伍解散。大快朵颐之后，幼虫们又会回到队伍，顺着丝回到聚集地。

在边缘活动

金斑蛱蝶分布广泛，北美洲的一些地区和澳大利亚都有它们的身影。它们只生活在阳光明媚的林地边缘或空地上。有时人们可以看到，它们正在吸食马缨丹或者鱼尾菊的花蜜。

山区的生活

夏季，在山区的草地上行走时，你会见到一些在这里生活的蝴蝶与蛾子。山区的天气变化很快，大风和暴雨很可能在几分钟内就来临，因此在山区生活的昆虫，必须要适应这里变化无常的天气，它们甚至练就了一身独特的生存本领，以应对随时可能会发生的危险情形。

远离危险

很多捕食者都不会去触碰有毒的君主斑蝶，这个道理无论在哪里都是如此。

油性翅膀

为了应对高山上的生活，福布绢蝶有一种特殊的生存技巧。它们的翅膀上有一层薄薄的油脂，这就意味着在低温或突如其来的降雪天气中，它们可以通过翅膀上的这些油脂来保持体温，从而存活下来。

欧洲和亚洲的高海拔山区生活着福布绢蝶。

黑色的斑纹可以保存阳光的热量。

身体上厚实的毛起到保暖作用。

山地奇观

多尾凤蝶生活在印度和泰国的高海拔山区。翅膀上的尾突对它们来说非常重要，因为非常"吸睛"，可以引诱捕食者去啄食它们的尾突，从而躲开身体上的要害部位。

后翅上长有3根长尾突。

坚强的蛾子

红黑相间的斑蛾分布在美洲、亚洲和欧洲的深山里，生命力极其顽强。它们难以下咽的味道，让鸟儿吃进去后会立刻把它们吐出来，这一点有助于它们生存繁衍。

温暖的和多风的

很多山区的昆虫会在白天尽可能地多晒太阳，通过这种方法度过寒冷的冬天。然而，强风常常会把它们美好的日光浴变成一场噩梦。左图所示的斑貉灰蝶死死地抓住一块石头，以防自己被强风吹跑。

在雨林中

世界上没有任何一处地方，能像热带雨林这般拥有数量众多的蝴蝶与蛾子。充沛的降雨量和种类繁多的植物，让热带雨林成为它们理想的居住地。雨林里有很多适合观察蝴蝶与蛾子的绝佳地点，如有阳光的河畔、林中空地和长满花朵的地方。

蝴蝶、蛾子，傻傻分不清楚

它的外表看起来很像蝴蝶，也会像蝴蝶一样在白天飞行。然而事实上，它是一只货真价实的蛾子。右图所示的这只彩燕蛾生活在南美洲的亚马孙雨林中。

看起来很像蝴蝶的翅膀,在阳光下十分闪耀。

你可以从触角上辨认出这并不是一只蝴蝶，因为它的触角末端并没有膨大的棒状结构。

这只红翅尖粉蝶将它的喙,伸进湿润的沙地中吸水。

寻水者

雄性蝴蝶必须喝大量富含盐分的水，因为它们需要这些无机盐在身体里合成特殊的香气，以便吸引雌性来交配。每隔几秒，它们就会喷射出体内多余的水分。

隐形的翅膀

宽纹黑脉绡（xiāo）蝶很难被发现，因为它们的翅膀是透明的。这种伪装十分巧妙，以至于一些蛾子也模仿它们。

纤细的翅膀形状和透明的斑纹，有助于达到隐身的效果。

双头毛虫

在热带雨林中，可以看到一些好像长着两个头的毛虫。它们的尾部长着角和看起来很滑稽的"脸"，以此来迷惑鸟类和蜥蜴，这让天敌们永远搞不清到底该咬哪一边。

绚丽的飞行者

绿帘维蛱蝶通常在雨林的开阔空地中飞行，它们很喜欢吸食香甜的花蜜。

团结保平安

很多热带雨林里的毛虫会聚集起来成为一个群体，群体越大就越安全。作为群体中的一员，每一只刺蛾幼虫的身上都覆盖着有毒的小刺，这可以让捕食者与它们保持距离。

在沙漠里

在白天的沙漠里，你不会看到太多的蝴蝶或蛾子，它们大多都藏起来了，以躲避火辣辣的阳光。在沙漠中，看到蝴蝶或蛾子的最佳时间是清晨或夜间。长有杂草和野花的水坑附近，通常都有它们的身影。除了面对捕食者外，它们还需要应对周遭恶劣的环境，生存下来十分不易。因此，这些地方的蝴蝶与蛾子，在种类和数量上远比其他地方的要少很多。

漫长的等待

蝴蝶羽化前会经历很长的时间，它们渴望有雨露的滋养。在炎热干旱的沙漠中，一场降雨可能需要等上几年的时间。

难闻的饮品

对于生活在非洲干旱地区的蝴蝶与蛾子来说，它们每天必须找到水源才能维持生存。这只三星襏（jué）眼蝶，甚至从动物的排泄物中获取水分。

灰棕的体色让它在遍布沙石的沙漠里很难被发现。

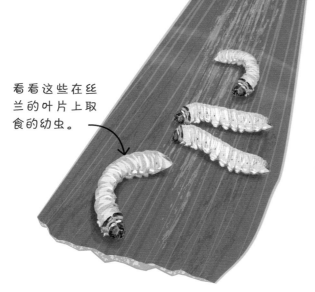

看看这些在丝兰的叶片上取食的幼虫。

丝兰取食者

孵化出来之后，北美黄纹弄蝶会将丝兰的叶片用丝固定在一起。它们就在这些叶片中间进食，以此来躲避捕食者。当进食到一定程度之后，弄蝶的幼虫就会在这些丝兰叶片里面作茧并在其中化蛹。一棵丝兰上面往往可以找到很多条弄蝶的幼虫。

逃离炎热

巴尔干藤灰蝶只在凉爽的清晨和夜间出来活动，以躲避沙漠中毒辣的阳光。白天的时候，它们会躲在石块下面一动不动地休息，保存体力。

前翅上闪亮的斑块，可以帮助它反射阳光和驱赶敌人。

沙漠幽灵

太阳才刚刚升起来，蝙蝠蛾就已经在寻找食物和水了。翅膀上闪耀的银色斑块和巨大的翅膀，使它看起来就像一个吓人的幽灵。

在北极生活

对大多数生物来说，忍受北极冰冷的冬天、短暂的夏季，是一件十分困难的事情。然而，还是有少数的蝴蝶与蛾子可以在这种环境下常年生存。它们拥有很多独特的生存之道，如抗冻的血液，以及身体上能快速吸收热量的深色斑纹和绒毛。除此之外，它们的身体或翅膀上还有一层薄薄的油脂，当遭遇恶劣的天气时，这些油脂可以暂时为它们提供热量。

夏日的飞行者

兴安豆粉蝶喜欢在阳光明媚的时候出来活动，一旦天气变为多云，它们就会马上寻找地方躲起来。它们的血液中含有一种独特的液体，可以防止它们被冻僵，就像汽车的防冻液一样。

气温降到零摄氏度以下后，生活在北极的蝴蝶与蛾子就会留在茧里，防止自己被冻僵。

身体上覆盖的长毛，可以帮助蝴蝶保持热量。

夏天的盛会

在北极短暂的夏天里，可以看到很多蝴蝶在花间飞舞，因为它们依赖花朵甜甜的花蜜。然而，蝴蝶们必须得多留些心眼儿，俗话说得好，"螳螂捕蝉，黄雀在后"，附近还有很多饥饿的鸟类和蜘蛛在观望着它们。

抓紧每一束光

为了最大限度地利用北极夏季微弱的阳光，北极红眼蝶会在石头上完全舒展翅膀，以此来获取热量。身上较深颜色的斑纹和绒毛，以及石块的热量都能帮它们保温。

石上小憩

大多数生活在北极的蛾子，会在夜间进行低缓的短距离飞行，因为它们白天必须躲起来以免被捕食者吃掉。右图中，这只蛾子待在石块上一动不动，通过伪装让自己不被发现。